普通高等教育"十四五"规划教材——化工环境系列

工业水处理技术

张志军　主编

中国石化出版社

内 容 提 要

本书从我国水资源状况和工业水处理的现实和技术必要性出发，介绍了工业水处理的目标、要求，以及常用的处理技术工艺。全书主要内容包括：我国水资源现状和污染特点，工业水处理的必要性；工业水的使用和排放要求；工业水物理处理技术、化学处理技术、物理化学处理技术、生物处理技术。

本书可作为环境科学与工程、给排水科学与工程专业的本科生教材，也可作为相关专业研究生和工程技术人员的参考资料。

图书在版编目（CIP）数据

工业水处理技术 / 张志军主编．—北京：中国石化出版社，2021.12（2025.8 重印）
ISBN 978-7-5114-6261-9

Ⅰ．①工… Ⅱ．①张… Ⅲ．①工业用水-水处理
Ⅳ．①TQ085

中国版本图书馆 CIP 数据核字(2021)第 267335 号

中国石化出版社出版发行
地址：北京市东城区安定门外大街 58 号
邮编：100011 电话：(010)57512500
发行部电话：(010)57512575
http://www.sinopec-press.com
E-mail:press@sinopec.com
北京艾普海德印刷有限公司印刷
全国各地新华书店经销
*
787×1092 毫米 16 开本 8.75 印张 178 千字
2021 年 12 月第 1 版　2025 年 8 月第 3 次印刷
定价：40.00 元

《普通高等教育“十四五”规划教材——化工环境系列》

编　委　会

前言

现阶段，我国明确提出要加快调整经济结构和布局，采取切实的防治污染措施，促进生产方式和生活方式的改变，解决好关系群众切身利益的突出的环境污染问题，改善环境质量。

随着我国工业现代化进程的快速推进，工业水的使用量和排放量均已达到不容忽视的水平，与此同时，我国大部分地区的水污染形势非常严峻，为此，大力发展先进生产工艺、提高工业水处理的技术水平和回用率，已成为我国工业发展必然要求。工业水处理技术是环境工程和给排水专业本科生应当掌握的重要内容，但是，相关系统教材非常缺乏，编者结合多年工作经验，查阅国内外教材和文献，在对课堂讲义进行扩展补充的基础上形成了本书。全书共6章，第1章绪论，介绍我国水资源现状和污染特点，工业水处理的必要性；第2章工业水的使用和排放要求；第3章工业水的物理处理技术；第4章工业水处理的化学处理技术；第5章工业水处理的物理化学处理技术；第6章工业水处理的生物处理技术。书中选有例题，结合实际技术原理及应用以实例的形式进行解释，便于读者理解本书内容，书内附有思考题与习题，便于读者通过练习加深对所学知识的理解，巩固所学的知识要点。本书可以作为环境科学与工程及给排水科学与工程专业的本科教材，也可以作为相关专业研究生和工程技术人员的参考资料。

本书编写过程中相对淡化工业用水和排水处理的界限。一方面，各种天然水源在工业废水排放等人类活动干扰下，所造成的污染对生产过程的影响不可忽略；另一方面，工业企业所产生的各类污水又需要通过净化处理才能作为工业用水进行回用。因此，工业用水和排水处理很难进行明显区分。其次，从工业水单元处理技术角度而言，混凝、沉淀、过滤、膜处理等单元技术均可用于工业用水处理，也可用于工业排水处理。因此本书着重于水处理单元技术介绍，着重于工艺原理和应用讲解。学习本书需要具有一定的《水污染控制工程》或《水质工程学》基础，考虑到内容的完整性，本书较全面地介绍了工业水处理的各类技术，但是根据在实际应用中的使用频率又适当进行了删减和详略处理。

限于编者的理论水平和实践经验，书中难免存在缺点和欠妥之处，恳请读者批评指正。

目录

第1章 绪 论

1.1 我国水资源概况

水是一切生物赖以生存的物质，也是维持生态平衡，进行工农业生产不可或缺的宝贵资源。由于对水作为自然资源的基本属性的认识程度和角度的不同，有关水资源的确切定义仍未有统一定论。《大英百科全书》将水资源解释为："全部自然界任何形态的水，包括气态水、液态水和固态水。"世界气象组织和联合国教科文组织共同编制的《水资源评价——国家能力评估手册》定义水资源为："可以利用或有可能被利用的水源，具有足够数量和可用的质量，并能在某一地点为满足某种用途而可被利用。"《中华人民共和国水法》将水资源定义为"地表水和地下水"。《环境科学词典》定义水资源为"特定时空下可利用的水，是可再利用资源，不论其质和量，水的可利用是有限制条件的"。

一般认为，水资源的概念有广义和狭义之分。广义的水资源是指地球上所有的水。不论它以何种形式、何种状态存在，都能够直接或间接地被人类利用。狭义的水资源则是指在目前的经济技术条件下可被直接开发与利用的水。狭义的水资源除了考虑水量外还要考虑水质，而且开发利用时技术上可行、经济上合理且不影响地球生态。这使得很多水在目前的经济技术条件下不能被称为水资源。如南北两极虽为最大淡水库，但由于远离人类居住地，难以进行有效利用。因此，通常所说的水资源是狭义上的水资源，即陆地上可供生产、生活直接利用的淡水资源。而这部分水量只占地球上总水量的极少一部分。

1.1.1 水资源的分布特点

地球上以各种形态存在的水的总量高达14.6亿 m^3。但海水、苦咸水约占97.3%，存在于陆地上的各种淡水资源仅占总量的2.7%。表1-1列出了这些淡水资源的存在形态及所占百分比(体积分数，按总淡水资源为100%计)。

表1-1 淡水资源的存在形态及所占百分比

序 号	类 别	占淡水储量比(体积分数)/%
1	地下淡水	30
2	土壤水	0.05
3	淡水、湖泊水	0.26
4	冰川与永久雪盖	68.7

续表

序　号	类　别	占淡水储量比(体积分数)/%
5	永冻土底冰	0.86
6	沼泽水	0.08
7	河水	0.007
8	生物水	0.003
9	大气水	0.04

从表 1-1 可知，全球淡水资源的 68.7%存在于南北极的冰川和永久雪盖之中，其余的主要是地下水，其他的淡水资源只占淡水总量的 1.3%。相对丰富的地下水中可作为水资源利用的通常是直接受地表水补给的浅层地下水，仅占地下水总量的很小一部分。有资料表明，全球真正可供利用的水资源仅占地表水和地下水总量的 0.6%，称之为可利用水资源，其总量约为 $50000km^3$。按全球人口 60 亿计算，人均可利用水资源量可达 $8000m^3$。然而，由于水资源分布的不均匀性和人口分布的不均匀性，加之部分水资源的污染，真正能够利用的水资源量远小于这个数字。

1.1.2　我国水资源分布状况

2019 年的统计结果显示，我国的人均水资源占有量为 $2059.7m^3$，仅为世界平均人均占有量的四分之一。与此同时，有限的水资源在我国的分布还十分不均匀。总体上看，呈现从东南向西北递减的变化规律。全国共有 16 个省份(自治区、直辖市)的人均水资源量低于联合国可持续发展委员会制定的人均水资源占有量标准($2000m^3$)，其中 11 个地区，包括：北京、天津、河北、山西、上海、江苏、安徽、山东、河南、陕西和宁夏的人均水资源占有量低于 $1000m^3$。这 11 个地区的水资源总量仅占全国水资源总量的 7.5%，但人口数量占全国人口总数量的 40.2%，地区生产总值占国内生产总值的 44.4%，农作物播种面积占全国农作物播种面积的 37.1%。水资源与经济、人口、农作物的地区分布不匹配，导致局部地区用水紧张程度远高于全国平均水平。

1.2　工业用水水源类型及其特点

现代工业门类复杂、产品繁多、用水系统庞大。工矿企业不仅需要大量用水，而且对供水水源、水压、水质等有严格的要求。按照水在地表的存在状态，工业企业的供水水源可分为地下水、江河水和湖泊(水库)水三大类。此外，随着脱盐技术的不断发展，海水也逐渐成为沿海城市工业用水的重要水源。

1.2.1　地下水

地下水是由降水经过土壤下渗形成的，按其在地下的分布深度可分为表层水、层间水和深层水。通常用作原水使用的地下水是层间水，即中层地下水。这种水受气候和人类活动等外界因素影响较小，显著的特点是杂物少，水温变化小，有机物和微生物含量低，水质成分较为稳定。但水的含盐量一般较高，硬度和碱度大，且随埋藏深度的增加，含盐量有明显增加的趋势。表 1-2 列出了我国较典型的地下水水质。

表 1-2　我国较典型的地下水水质

水质项目	河北石家庄	黑龙江哈尔滨	宁夏同心	湖南岳阳	天津塘沽
pH	7.6	6.9	—	5.5	8.3
Ca^{2+}/(mg/L)	82.9	78.2	2.83	2.83	8
Mg^{2+}/(mg/L)	19.8	12.8	1.56	1.56	3.7
$Na^{+}+K^{+}$/(mg/L)	16.2	23.5	5.29	5.29	317
HCO_3^-/(mg/L)	219.6	317.2	9.76	9.76	464
SO_4^{2-}/(mg/L)	37.3	8	8.95	8.95	48
Cl^-/(mg/L)	28	21.3	2128	2.55	200
CO_2/(mg/L)	—	11.5	—	5.5	—
含盐量/(mg/L)	403.8	461	10476	38	1040

1.2.2　江河水

江河是由降水经过地面径流汇集而成的，流域面积宽广，水质受地区、气候、土质和人类活动等因素的影响较大。我国地表水体的含盐量总体上呈现东南低、西北高的分布规律(表 1-3)。除受海水影响较大的沿海地区外，从东南地区小于 50mg/L 的低含盐量向西北逐渐增至 1000mg/L 以上。如松花江的含盐量小于 100mg/L；西南诸河水的含盐量小于 300mg/L；以塔里木河为代表的新疆几个盆地的河水含盐量均大于 1000mg/L；其余地区河水的含盐量在 300~500mg/L。

一般的，硬度随含盐量的增加而增加。淮河、秦岭以南、东北三江流域、新疆北部部分地区河水硬度小于 85mg/L，内蒙古高原北部、新疆三盆地、河套地区的河水硬度大于 250mg/L。同时，季节不同，江河水的水质也存在较大差异。在丰水期，江河水中的泥沙等悬浮杂质含量明显高于枯水期，浊度从几十 mg/L 到数百 mg/L。有机组分含量则是冬季低于夏季，北方低于南方。水温则随气候变化而变化。

表 1-3　我国主要河流的主要水质指标

水质项目	长江	黄河	珠江	黑龙江	闽江	塔里木河	松花江
Ca^{2+}/(mg/L)	28.9	39.1	18	11.6	2.6	107.6	12
Mg^{2+}/(mg/L)	9.6	17.9	1.1	2.5	0.6	841.5	3.8
$Na^{+}+K^{+}$/(mg/L)	8.6	46.3	16.1	6.7	6.7	10265	64.4
HCO_3^-/(mg/L)	128.9	162	32.9	54.9	20.4	117.2	64.4
SO_4^{2-}/(mg/L)	13.4	82.6	34.8	6	4.9	6052	5.9
Cl^-/(mg/L)	4.2	30	7.3	2	0.5	14368	1
含盐量/(mg/L)	193.6	377.9	110.2	83.7	35	31751	93.9

1.2.3 湖泊(水库)水

湖泊和水库均是由河流和地下水蓄积而成，不同之处在于水库是人工建造的，湖泊是天然形成的。湖泊(水库)水的水质除与补给水的来源、气候、地质及生物条件密切相关外，还随流入量和排水量、日照时间和蒸发强度的变化而改变。流入和排出的水流量越大，蒸发量越小，盐分在湖内的蓄积量也越低，一般在300mg/L以下。相反的，排水量小、蒸发量大的湖泊，其含盐量往往较高，这对控盐要求较高的工业企业来说，将增加处理成本。由于湖泊(水库)补给水源均为江河水或地下水，其水质稳定性也介于江河水和地下水之间。

1.3 我国水体污染现状

目前，我国水环境的污染形势十分严峻。就整个地表水而言，2019年受到严重污染的Ⅴ类水体所占比例在8.6%左右，个别流域可能更高，如海河流域Ⅴ类水体的比例高达39.1%，尤其是流经城镇的一些河段、沟渠、塘坝，污染十分突出。同时，涉及工业水安全的水环境突发事件的数量依然不少。环保部门公布的调查数据显示，2018年全国10大水系、62个主要湖泊分别有26%和34%达不到水源地水质要求，严重影响工业、农业以及附近居民的用水安全。

湖泊由于流动性差，存在有机物和营养盐类大量富集的问题。调查结果表明，我国约75%以上的大型湖泊均出现了不同程度的富营养化问题，尤其以太湖、巢湖和滇池最为严重。太湖在20世纪80年代初期水质尚好，80年代后期开始出现污染，并不断加剧，这一状况截至目前尚未得到有效控制。滇池在20世纪70年代水质良好，生物多样性丰富，到90年代开始出现富营养化问题。湖泊富营养化速度的加剧主要与人类活动，尤其是近30年来我国工业化和城镇化的快速推进，工业、农业和生活用水的无组织排放密切相关。

与地表水相比，地下水水质相对稳定，但一旦出现污染则难以恢复。目前，我国地下水超采问题与水质污染问题相互影响，已形成恶性循环。这在整个华北地区表现得尤为突出。地下水的过量开采，使地下水漏斗面积不断扩大，水位大幅度下降；地下水位的下降又改变了原有的水文条件，引起污染较为严重的地表水向地下水倒灌，浅层污水不断向深层流动，地下水污染问题向更深层发展。

1.4 污染源与工业污染

1.4.1 污染源

综上所述，作为工业用水主要水源的地表水和地下水均受到了不同程度的污染，极大地影响了工业用水的净化成本，个别地区甚至由于没有合格水源变得无水可用，严重限制了当地工业、农业和社会经济的发展。然而，造成这一困局的却并非大自然，而是人类对水资源的无序利用和肆意污染。水污染源是指向水体排放或释放污染物的场所。常见的水体污染源有工业污染源、农业污染源、城镇生活污染源以及其他水污染源。

（1）工业污染源。工业生产过程中产生大量废水和废液。这些废水和废液中含有随水流失的某些生产原料、中间产物、副产品以及在生产过程中形成的组分。因此，其污染成分复杂、种类多，如有机组分、氨氮、石油类、挥发酚和重金属等有害和有毒物质。受企业类型、生产工艺和所用原料种类的影响，不同工业企业排水中的污染组分存在巨大差异。

（2）农业污染源。农作物栽培、种植，畜禽及水产养殖，农产品加工等过程排水，一般包括农田排水、饲养场排水、水产养殖排水和农产品加工排水等。在我国农业生产中，化肥和农药使用普遍过量，特别是氮肥用量最多，流失量也最高。这是我国地表水体、甚至部分地下水中氮、磷含量超标的重要原因。

（3）生活污染源。城镇居民和公共建筑等在日常生活和经营活动中的外排水，包括厕所粪尿、洗澡、洗衣、洗菜、绿化、道路冲洒，以及商业、医院和娱乐休闲场所等的排水。居民生活排水中的有机污染物所占比重相对较大，氮磷等营养盐含量也较高，但与工业污染源相比，其水质相对稳定，污染物浓度适中，不存在极高值或极难降解组分。

（4）其他污染源。交通运输和船舶排水，主要污染物为 COD（化学需氧量）、氨氮、总磷、VOCs（石油类）和重金属等。

1.4.2　工业排水污染现状

改革开放 40 年来，由于我国工业化程度的不断提升。工业企业排水在各类地表水污染源中的比重较 20 世纪 80 年代以前有大幅度增加。2010 年环境保护部、国家统计局、农业部联合发表的《第一次全国污染源普查公报》表明，各类污染源的总排水量为 2092.81 亿 t，其中工业污染源的排水量占 11.31%。COD（化学需氧量）、氨氮、VOCs（石油类）的排放量分别占到 23.60%、17.50%和 8.49%。重金属的排放量基本上由工业企业所贡献，年均排放量 0.30 万 t，经集中处理后，削减量 0.21 万 t，实际排入水体的量为 0.09 万 t。

据 2019 年环境统计年报数据，2018 年全国废水排放量 1952 亿 t。其中，工业废水排放量 644.2 亿 t，占废水排放总量的 33.0%。这一比例自 2012 年以来，虽然随着国家管控力度的加大有所降低，但是仍然保持在 30%以上。从 3 年的数据中可以看出，尽管在工业排水中，COD 和氨氮的排放量比生活污水少，但其生态危害和对人体健康的影响（如重金属、放射性、难降解有机组分和人工合成有机组分等）则更大。如果这些废水不经处理直接排入天然水体中，将对生态环境造成严重破坏。

按实际排放贡献，不同工业企业间也存在较大差异。如造纸、纺织、农副加工、化工、饮料、食品和医药 7 个行业的废水排放量占总排放量的 4/5。造纸、农副食品加工业、饮料制造业和食品制造业的 COD 排放量占 COD 排放总量的 2/3。化学原料及化学制品制造业、有色金属冶炼及压延加工业、石油加工炼焦及核燃料加工业、农副食品加工业、纺织业、皮革毛皮羽毛(绒)及其制品业、饮料制造业和食品制造业等8个行业的氨氮排放量占工业污染源氨氮排放总量的85.9%。有色冶金业占重金属排放总量的50%。而石油加工炼焦及核燃料加工业、化学原料及化学制品制造业、黑色金属冶炼及压延加工业、造纸及纸制品业、电力燃气及水的生产和供应业的挥发酚排放量已占到工业源挥发酚总排量的96.15%。

近几年来，我国由于工业排水引起的环境污染事件屡有发生。例如，重金属工业废水对水环境和水源地的污染，以及由此引发的群体性事件；含砷、酚等有毒工业废水的污染；有毒化工原料(三甲基氯硅烷、六甲基二硅氮烷等)对松花江水源的污染等。2007年太湖蓝藻暴发是我国湖泊富营养化污染典型事件。调查表明，工业企业排水对太湖流域化学需氧量、氨氮、总磷和总氮的贡献量分别占到了31.1%、34%、4.9%和29.3%。大量工业污染物和营养物质的排入为蓝藻大规模繁殖提供了有利条件，在适宜的水温和气象条件下，形成蓝藻暴发，严重影响人民群众的正常生活。

1.5 工业水处理的重要性和必要性

目前，我国处于重要战略机遇期。随着我国工业化、城镇化进程的加快和消费结构的持续升级，我国能源需求刚性增长，受国内资源保障能力和环境容量制约，我国受环境资源制约日趋强化。工业水处理可以分为工业用水处理和工业排水处理。工业用水处理就是将水源水的水质处理到能满足企业内部不同工艺、不同设备对水质的要求，保证企业生产正常进行。例如，锅炉要求提供纯水或软水；电子工业要求使用纯水并去除水中微粒；食品工业则要求水能符合相应的饮用水标准；密闭式冷却水系统，则要求水为清水、软水或纯水。如果达不到这些要求，则会对产品、设备产生以下几个方面的影响：

(1) 影响产品质量。例如，电子工业的冲洗用水，如果水的纯度或水中颗粒状物达不到要求，生产的集成电路质量则无法得到保证；印染行业水质达不到要求，印染产品会色泽不均并出现疵点。

(2) 影响设备安全。锅炉用水水质不合格，会出现炉管内结垢、腐蚀，导致爆管，危及锅炉安全。

(3) 降低效率，浪费资源。例如，各种冷却水，如果处理不好，热交换器会产生结垢，影响传热，降低热效率，浪费资源。

(4) 食品及饮料工业用水，水质不合格还会影响人们的身体健康。

因此，为确保产品质量，保障设备安全，提高生产效率和能源利用率，需要对企业的生产用水进行净化处理，依据原水水质和用水要求的不同，选择合理的工艺流程。如前所述，现有的工业用水水源受到了不同程度的污染。从污染源来看，工业企业自身排放的有机组分和氨氮污染贡献率高达30%以上，部分指标如重金属元素则更高。由此可见，工业用水质量的高低和企业排水是否进行了处理，以及处理后的水是否达到了受纳水体的排放要求密切相关。然而，大多数企业受利益最大化理念的驱使，只重视工业用水的处理，忽视企业排水的处理，偷排乱排现象十分严重，急需整治。

我国于2015年提出的《水污染防治行动计划》(简称“水十条”)中，明确指出要狠抓工业污染防治，取缔“十小”企业，全面排查装备水平低、环保设施差的小型工业企业。全部取缔不符合国家产业政策的小型造纸、制革、印染、染料、炼焦、炼硫、炼砷、炼油、电镀、农药等严重污染水环境的生产项目，要专项整治十大重点行业。制定造纸、焦化、氮肥、有色金属、印染、农副食品加工、原料药制造、制革、农药、电镀等行业专项治理方案，实施清洁化改造。新建、改建、扩建上述行业建设项目，实行主要污染物排放等量或减量置换。

通过落实上述环保要求，可实现部分重点行业和重点污染物的源头削减。除政策层面外，要真正解决工业排水的污染问题，缓解地表和地下水环境污染压力，为工业、农业和居民生活用水提供高品质水源，还需进一步提高企业的环保意识和社会责任感。同时，加快与市场需求相匹配的工业水处理材料、技术和设备的开发及推广应用，方能实现工业用水和排水的高效处理，实现我国水环境总体质量状况的根本改善。

思考题与习题

1. 论述水资源的基本含义以及我国的水资源分布状况。
2. 工业用水水源分哪几种类型，每类水体有何水质特征？
3. 论述我国水体污染类型及主要污染物来源。
4. 论述进行工业水处理的意义。

第 2 章　工业水的使用和排放要求

2.1　工业用水与废水排放

工业用水一般是指工、矿企业在生产过程中，用于制造、加工、冷却、供热、净化、洗涤等方面的生产用水，也包括工、矿企业内部职工的生活用水和洗浴用水。这里的工业用水若无特殊说明均指生产用水。工业用水的水量和水质均应满足企业的生产需要，在保证产品质量的同时，不产生副作用、造成生产故障或损坏工艺设备。

按照使用方式可将工业用水分为工艺用水、锅炉用水、洗涤用水以及冷却用水等。不同行业对用水水质的要求也存在较大差异。例如，锅炉用水是将水在一定的温度和压力下加热成为蒸汽，用蒸汽作为传热和动力的介质。一般工矿企业常采用低压或中压锅炉产生的蒸汽作为热源，这种锅炉对水质要求稍低；而发电厂或热电站常采用高压锅炉产生的蒸汽推动汽轮机发电，为保证蒸汽对汽轮机无腐蚀或结垢沉积，对水质的要求较高，即凡是可能导致锅炉、给水系统及其他热力设备腐蚀、结垢及离子交换树脂中毒的杂质均应全部去除。冷却用水的水质虽然没有像工艺用水、锅炉用水那样对各项指标有严格的限制，但为防止冷却系统在长期使用过程中出现腐蚀、结垢以及微生物大量繁殖等问题，也需要进行软化或脱盐处理。

目前，在钢铁、化肥、化工等生产中用大量的水来冷却半成品和成品；在发电厂、热电站用大量的水来冷却汽轮机回流水；在纺织厂、化纤厂则用大量的水来冷却空调系统及冷冻系统。这些工业的冷却水用量平均约占工业用水总量的67%，其中以石油、化工和钢铁工业的用量最高。工业用水在使用过程中由于盐分的蓄积，原料、半成品以及成品的混入，均受到了不同程度的污染。依据产生污染的性质不同，工业排水可分为一般工业废水和高浓度工业废水。

一般工业废水是指工业生产过程中无有毒有害化学物质，产生的废水较容易处理。这类废水主要来自食品、电子电器、汽车加工与制造等行业。一般工业废水可采用常规处理工艺，以生化处理为主，达标后排入受纳水体；也可经过简单预处理，直接排入工业园区污水处理站。高浓度工业废水是指工业生产过程中使用有毒有害化学品，污染物浓度较高或者难以处理。这类废水主要来自造纸、电镀、医药、化工等行业，水中的污染物浓度高、难处理、污染程度严重，即使少量污水排放也会对环境或后续处理造成较严重的危害。因此，这类工业企业应当自行建设处理设施进行专门处理，然后再接入园区的污水处理站。

总体来看，工业排水具有以下几个特点：

（1）废水排放量大、污染范围广、排放方式复杂。工业排水量大，且相当一部分废水中都携带原料、中间产物、副产物及终产物等。工业企业遍布全国各地，污染范围广，不少产品在使用中又会产生新的污染。如全世界化肥施用量每年约 5 亿 t，农药每年 200 多万 t，造成全世界很多地区的地表水和地下水都受到不同程度的污染。工业废水的排放方式复杂，有间歇排放和连续排放、有规律排放和无规律排放等，给污染防治造成很大困难。

（2）污染物种类繁多、含量高，浓度波动幅度大。由于工业产品品种繁多，生产工艺也各不相同，因此，工业生产过程中排出的污染物也数不胜数，不同污染物性质有很大差异，浓度也相差甚远。如，有些企业排水中的悬浮物含量可能高达 3000mg/L，是生活污水的 10 余倍；有些企业所排废水可能几乎不含悬浮物。

（3）污染物毒性强、危害大。工业企业所排放的酸碱性废水有较强的刺激性、腐蚀性，而含有有机含氧化合物（如醛、酮、醚）的废水等则具有还原性，能消耗水中的溶解氧，使水缺氧而导致水生生物死亡；含重金属的废水则对生态系统以及人体健康均存在不利影响。

（4）污染物排放后迁移变化规律差异大。工业废水中所含各种污染物的性质差别很大，有些还有较强的毒性、较大的蓄积性及较高的稳定性。一旦排放，迁移变化规律发生很大变化，有的沉积水底，有的挥发进入大气，有的富集于生物体内，有的则分解转化为其他物质，甚至造成二次污染，使污染物具有更大的危险性。

（5）恢复比较困难。水体一旦受到污染，即使减少或停止污染物的排放，要恢复到原来状态仍需要相当长的时间。

2.2 工业水处理对象及来源

与生活用水相比，工业用水水质并无统一标准，且随工艺需求的不同存在较大差异。在工业用水中，凡是可能影响产品质量、对生产过程存在副作用或损害工艺设备的组分均为有害物质，需要在使用前通过水质净化环节去除。一般的，天然水中常见的有害物质包括：黏土和树叶等漂浮、悬浮物，细菌和腐殖质等胶体，由各种酸、碱以及对应的盐所组成的酸度和碱度，以钙、镁等为代表的硬度形成离子，以及可能加速管道、设备腐蚀的氯离子和硫酸根等无机离子。这些有害物质，尤其是溶解性杂质的含量受地域和气候的影响较大，主要来源于自然矿物的化学循环。以地表水体中的硬度形成离子为例，其浓度分布大体上呈现从东南向西北递增的趋势，与区域降雨量变化规律相反。地下水由于与地下岩层充分接触，其硬度普遍高于同一地区的地表水，且随着埋藏深度的增加呈上升趋势。

在各种工业水的使用类型中，锅炉水和冷却水的排水水质最为清洁，主要为热污染，经过冷却等简单处理后可重复使用。工艺水和洗涤水的排水水质与工艺过程和洗涤对象有关，水质和水量波动大。主要的有害物质包括：有机需氧物质、无机固体悬浮物质、无机化学有毒物质、有机化学有毒物质、放射性物质、重金属物质和酸、碱等。许多有害物质都有颜色、臭味或易生泡沫，因此工业企业排水常呈现使人厌恶的观感，而且会造成水体大面积的污染。更为严重的是，一旦工业排水中的重金属被人们通过饮用水或者食物链摄入体内，会导致重金属在体内富集而中毒甚至死亡。放射性物质通过自身衰变可放射出α、β、γ射线，危害机体，使人患贫血、恶性肿瘤等疾病，直接威胁日常的用水安全，破坏生态系统。

综上所述，工业用水处理的对象相对固定，主要为天然水体中的各种污染组分。工业排水中的污染物主要来自工艺生产过程所用原材料、中间体、成品、半成品和副产品等，且企业类型不同，所排污染物的种类和数量也存在较大差异(表 2-1)。

表 2-1　工业排水主要污染物及其来源

污染物	主 要 来 源
酸	化学工业采矿与冶炼、机械制造、电镀等
碱	化纤、制碱、纸浆与造纸工厂、印染、皮革、电镀工业及石油炼厂等
汞	氯碱工厂、汞催化剂、纸浆与造纸工厂、杀菌剂、种子消毒剂、石油燃烧的燃料、采矿与冶炼、医药研究实验室等
镉	采矿与冶炼、电镀、化学工业、金属处理、电池、特种玻璃工业等
铬	采矿与冶炼、电镀、化学工业、金属处理、电池、特种玻璃工业等
铅	铅的冶炼、化学工业、农药、汽车燃料、防爆剂、石油燃料的燃烧、含铅油漆、搪瓷工业等
砷及其化合物	采矿与冶炼、制药、化学工业、玻璃、涂料、农药制造、化肥工业等
酚	焦化废水、煤气工厂、炼油厂、合成树脂、化学工业、染料、制药工业等
氰化物	焦化废水、煤气工厂、电镀、金属清洗、有机玻璃丙烯腈合成、炼油厂及黄金工业等
硫化物	化学工业、皮革、煤气工厂、焦化废水、染色黏胶纤维炼油厂、油田、天然气加工工业等
游离氯	纸浆与造纸工厂、织物漂白、化学工业等
油类	炼油厂、工业废水废物中的油、油田、天然气加工工业等
有机磷、有机氯	农业杀虫、农药制造、化学工业等
多氯联苯	电力工业、塑料工业润滑剂、含有多氯联苯的工业排放物与工业废水等
放射性物质	原子能工业、放射同位素实验室、医药应用、武器生产等

2.3　工业用水与排放质量要求

为使供水水质满足工业生产需求，减轻工业排水对环境水体的污染，国家和地方均制定了一系列的控制标准。总体来看，这些标准可分为由国家环境保护主管部门根据《中华人民共和国环境保护法》和《中华人民共和国水污染防治法》制定并发布的国家标准，由省、市、自治区地方人民政府结合本地区环境保护要求发布的地方标准，以及国家依据特定行业工业企业的用水和污水排放特征制定的行业标准。

2.3.1 国家标准

国家标准是国家环保行政主管部门制定并在全国范围特定区域内适用的标准，如《地表水环境质量标准》(GB 3838—2002)、《地下水质量标准》(GB/T 14848—2017)、《城市污水再生利用工业用水水质》(GB/T 19923—2005)、《污水综合排放标准》(GB 8978—1996)和《农田灌溉水质标准》(GB 5084—2021)，适用于全国范围。

(1)《地表水环境质量标准》(GB 3838—2002)

该标准依据地表水水域环境功能和保护目标，按功能高低依次划分为以下五类。

Ⅰ类：主要适用于源头水、国家自然保护区。

Ⅱ类：主要适用于集中式生活饮用水地表水源地一级保护区、珍稀水生生物栖息地、鱼虾类产卵场、仔稚幼鱼的索饵场等。

Ⅲ类：主要适用于集中式生活饮用水地表水源地二级保护区、鱼虾类越冬场、洄游通道、水产养殖区等渔业水域及游泳区。

Ⅳ类：主要适用于一般工业用水区及人体非直接接触的娱乐用水区。

Ⅴ类：主要适用于农业用水区及一般景观要求水域。

Ⅳ类及以上水质的地表水可以作为工业用水水源，部分企业的用水净化要求参考表 2-2。

(2)《地下水质量标准》(GB/T 14848—2017)

依据我国地下水质量状况和人体健康风险，参照生活饮用水、工业、农业等用水质量要求，依据各组分含量高低(pH 除外)，分为五类。

Ⅰ类：地下水化学组分含量低，适用于各种用途；

Ⅱ类：地下水化学组分含量较低，适用于各种用途；

Ⅲ类：地下水化学组分含量中等，以 GB 5749—2006 为依据，主要适用于集中式生活饮用水水源及工农业用水；

Ⅳ类：地下水化学组分含量较高，以农业和工业用水质量要求以及一定水平的人体健康风险为依据，适用于农业和部分工业用水，适当处理后可作生活饮用水；

Ⅴ类：地下水化学组分含量高。不宜作为生活饮用水水源，其他用水可根据使用目的选用。

表 2-2 工业用水水质参考标准

工业用水	浊度/NTU	色度/度	总硬度*	总碱度/(mg/L)	pH	总含盐量/(mg/L)	铁/(mg/L)	锰/(mg/L)	硅酸/(mg/L)	氯化物/(mg/L)	COD_{Mn}/(mg/L)
制糖	5	10	5	100	6~7	—	0.1	—	—	20	10
造纸(高级纸)	5	5	3	50	7	100	0.05~0.1	0.05	20	75	10
造纸(一般纸)	25	15	5	100	7	200	0.2	0.1	50	75	20

续表

工业用水	浊度/NTU	色度/度	总硬度*	总碱度/(mg/L)	pH	总含盐量/(mg/L)	铁/(mg/L)	锰/(mg/L)	硅酸/(mg/L)	氯化物/(mg/L)	COD_{Mn}/(mg/L)
造纸(粗纸)	50	30	10	200	6.5~7.6	500	0.3	0.1	100	200	—
纺织	5	20	2	200	—	400	0.25	0.25	—	100	—
染色	5	5~20	1	100	6.5~7.5	150	0.1	0.1	15~20	4~8	10
洗毛	—	70	2	—	6.5~7.5	150	1	1	—	—	1
鞣革	20	10~100	3~7.5	200	6~8	—	0.1~0.2	0.1~0.2	—	10	—
人造纤维	0	15	2	—	7~7.5	—	0.2	—	—	—	6
黏液丝	5	5	0.5	50	6.5~7.5	100	0.05	0.03	25	5	5
透明胶片	2	2	3	—	6~8	100	0.07	—	25	10	—
合成橡胶	2	—	1	—	6.5~7.5	10	0.05	—	—	20	—
聚氯乙烯	3	—	2	—	7	150	0.3	—	—	10	—
合成染料	0.5	0	3	—	7~7.5	150	0.05	—	—	25	—
洗涤剂	6	20	5	—	6.5~8.5	150	0.3	—	—	50	—
缫丝	2	—	5~8	100	6.8~7.6	150~400	0.1~0.3	0.1	—	40	3~8

注：1L 水中含有 10mgCaO 为 1 德国度。

(3)《城市污水再生利用 工业用水水质》(GB/T 19923—2005)

该标准规定了以城市再生水为工业用水水源的水质控制要求，如表 2-3 所示。

表 2-3 再生水用作工业用水水源水质标准

编号	控制项目		冷却用水		洗涤用水	锅炉补给水	工艺与产品用水
			直流冷却水	敞开式循环冷却水系统补充水			
1	pH		6.5~9.0	6.5~8.5	6.5~9.0	6.5~8.5	6.5~8.5
2	悬浮物/(mg/L)	≤	30	—	30	—	—
3	浊度/NTU	≤	—	5	—	5	5
4	色度/度	≤	30	30	30	30	30
5	BOD_5/(mg/L)	≤	30	10	30	10	10
6	COD/(mg/L)	≤	—	60	—	60	60
7	铁/(mg/L)	≤	—	0.3	0.3	0.3	0.3
8	锰/(mg/L)	≤	—	0.1	0.1	0.1	0.1
9	氯离子/(mg/L)	≤	250	250	250	250	250
10	二氧化硅(SiO_2)/(mg/L)	≤	50	50	—	30	30
11	总硬度(以 CaCO 计)/(mg/L)	≤	450	450	450	450	450
12	总碱度(以 $CaCO_3$ 计)/(mg/L)	≤	350	350	350	350	350

续表

编号	控制项目		冷却用水		洗涤用水	锅炉补给水	工艺与产品用水
			直流冷却水	敞开式循环冷却水系统补充水			
13	硫酸盐/(mg/L)	≤	600	250	250	250	250
14①	氨氮(以N计)/(mg/L)	≤	—	101	—	10	10
15	总磷(以P计)/(mg/L)	≤	—	1	—	1	1
16	溶解性总固体/(mg/L)	≤	1000	1000	1000	1000	1000
17	石油类/(mg/L)	≤	—	1	—	1	1
18	阴离子表面活性剂/(mg/L)	≤	—	0.5	—	0.5	0.5
19②	余氯/(mg/L)	≥	0.05	0.05	0.05	0.05	0.05
20	粪大肠菌群/(个/L)	≤	2000	2000	2000	2000	2000

注：①当敞开式循环冷却水系统换热器为铜质时，循环冷却系统中循环水的氨氮指标应该小于1mg/L。

②加氯消毒时管末梢值。

(4)《污水综合排放标准》(GB 8978—1996)

该标准按污水排放去向，分年限规定了69种污染物最高允许排放浓度及部分行业最高允许排放量。根据排放污染物的毒性及其对人体、动植物和水环境的影响，将水中的污染物分为两大类：第Ⅰ类污染物和第Ⅱ类污染物。

第Ⅰ类污染物指总汞、烷基汞、总镉、总铬、六价铬、总砷、总铅、总镍、苯并(a)芘、总铍、总银、总α放射性和总β放射性13种毒性大、影响长远的有毒物质。含有此类污染物的废水，不分行业和污水排放方式，也不分受纳水体的功能类别，一律执行严格的标准值。

第Ⅱ类污染物指pH、色度、悬浮物、BOD_5、COD、(石油类)等其长远影响小于Ⅰ类的污染物质。其排放标准按污水排放去向分别执行一、二、三级标准，并与《地表水环境质量标准》(GB 3838—2002)和《海水水质标准》(GB 3097—1997)联合使用。

此外，《污水综合排放标准》还对矿山、钢铁、焦化、石油化工、农药、造纸等行业规定了排放标准，包括最高允许排水定额和相关的污染物最高允许排放浓度，在无行业排放标准可参考的情况下，可以作为企业环保验收和监测等的评价标准。

(5)《农田灌溉水质标准》(GB 5084—2005)

为防止土壤、地下水和农产品污染，保障人体健康，维护生态平衡，该标准规定了农田灌溉用水的水质要求，同时提出向农田灌溉渠道排放处理后的工业废水，应保证其下游最近灌溉取水点的水质符合该标准的要求。该标准适用于以地表水、地下水和处理后的城市污水及与城市污水水质相近的工业废水作为水源的农田灌溉用水，不适用于以医药、生物制品、化学试剂、农药、石油炼制、焦化和有机化工处理后的废水进行灌溉。此外，该标准还规定严禁使用污水浇灌生食的蔬菜和瓜果。

2.3.2 行业标准

根据部分行业的废水排放特点和治理技术的发展水平，国家对部分行业制定了行业排放标准，如制浆造纸工业、纺织印染工业、肉类加工工业、电镀业、合成氨工业、磷肥工业、聚氯乙烯工业、制药工业、合成革与人造革工业、制糖工业和羽绒工业等(表2-4)。目前，行业标准呈逐渐增加的趋势。在有行业标准可循的条件下，应依据行业标准要求进行工业水处理设计等工作。

表2-4 行业水污染排放标准

标准名称	标准编号	代替标准	主编单位
船舶水污染物排放标准	GB 3552—2018	GB 3552—2018	环境保护部批准并与国家质量监督检验检疫总局
海洋石油勘探开发工业污染物排放浓度限值	GB 4914—2008	GB 4914—1985	《海洋石油开发工业含油污水排放标准》编制组
航天推进剂工业水污染物排放标准	GB 14374—1993	—	原航天部第七设计院
兵器工业水污染物排放标准 火炸药	GB 14470. 1—2002	GB 14470. 1—1993、GB 4272—1984、GB 4275—1984、GB 4276—1984	中国兵器工业集团公司、中国兵器工业第五设计研究院
兵器工业水污染物排放标准火　工药剂	GB 14470. 2—2002	GB 4277—1984、GB 4278—1984、GB 4279—1984、GB 14470. 2—1993	中国兵器工业集团公司、西安北方庆华电器(集团)有限责任公司
弹药装药行业水污染物排放标准	GB 14470. 3—2011	GB 14470. 3—2002	北京中兵北方环境科技发展有限责任公司、中国兵器工业集团公司
纺织染整工业水污染物排放标准	GB 4287—2012	GB 8978—1992	中国纺织经济研究中心、东华大学、环境保护部环境标准研究所、富润控股集团
制浆造纸工业水污染物排放标准	GB 3544—2008	GB 3544—2001	山东省环境保护局、山东省环境规划研究院、环境保护部环境标准研究所、山东省环境保护科学研究设计院
钢铁工业工业水污染物排放标准	GB 13456—2012	GB 13456—1992	中钢集团武汉安全环保研究院、环境保护部环境标准研究所

续表

标准名称	标准编号	代替标准	主编单位
肉类加工工业水污染物排放标准	GB 13457—1992	—	商业部《肉类加工工业水污染物排放标准》编制组、中国环境科学研究院环境标准研究所
合成氨工业水污染物排放标准	GB 13458—2013	GB 13458—2001	中国环境科学研究院
磷肥工业水污染物排放标准	GB 15580—2011	GB 15580—1995	中国环境科学研究院、中石化集团南京设计院
烧碱、聚氯乙烯工业污染物排放标准	GB 15581—2016	GB 15581—1995	中国环境科学研究阮、青岛科技大学、中国氯碱工业协会
污染海洋处置工程污染控制标准	GB 18486—2001	GWKB 4—2000	国家环境保护总局
柠檬酸工业水污染物排放标准	GB 19430—2013	GB 19430—2004	中国环境科学研究院、中国轻工业清洁生产中心、中国发酵工业协会、日照金禾生化集团有限公司
味精工业污染物排放标准	GB 19431—2004	GB 8978—1996 味精工业水污染物排放标准部分	中国环境科学研究院、轻工业环境保护研究所
畜禽养殖业污染物排放标准	GB 18596—2001	—	农业部环境保护科研监测所、天津市畜牧局、上海市畜牧办公室、上海市农业科学院环境科学研究所
城镇污水处理厂污染物排放标准	GB 18918—2002	—	北京市环境保护科学研究院、中国环境科学研究院
农用污泥污染物排放标准	GB 4284—2018	GB 4284—1984	国家市场监督管理总局、中国国家标准化管理委员会
医疗机构水污染物排放标准	GB 18466—2005	GB 8978—1996 医疗机构水污染物排放标准部分 GB 18466—2001	北京市环境保护科学研究院、中国疾病预防控制中心
污水排入城镇下水道水质标准	GB/T 31962—2015	CJ 343—2010	北京城市排水集团有限责任公司、北京市城市排水监测总站有限公司

2.3.3 地方标准

省、自治区、直辖市等根据经济发展水平和管辖地水体污染控制需要，可以制定在特定行政区内适用的水质控制标准。如《上海市污水综合排放标准》(DB 31/199—2018)，适用于上海市范围内工业企业污染物的排放控制；《黄河流域(陕西段)污水综合排放标准》(DB 61/224—2018)、《汉丹江流域(陕西段)重点行业水污染物排放限值》(DB 61/942—2014)则适用于陕西省境内工业企业的污染物排放控制。

2.3.4 各类标准间的关系

地方标准可以增加国家标准中未做规定的项目，但不能减少；可以提高国家标准中已规定项目的排放要求，但不能降低标准。上述两种标准并存的情况下，执行地方标准。在国家标准与行业标准并存的情况下，执行行业标准。同时，根据经济和环境保护要求，水质标准会适时地进行修订，要注意采用的控制标准必须是更新后的现行标准。

2.4 工业水处理技术概述

工业水处理是将水中所含的污染物分离、回收利用，或转化为无害和稳定的物质，使水质得到净化的过程，其目的是使处理后的水满足工业生产需要或不破坏受纳水体的水环境和水生态功能。工业水处理技术按其作用原理及单元，可分为物理法、化学法、物理化学法及生物处理法四大类。

(1) 物理法。利用物理原理和方法，分离或回收水和废水中不溶解的悬浮物，处理过程中不改变污染物质的化学性质。常用的物理处理法包括水质水量调节、筛滤、过滤、沉淀、气浮、离心分离和磁分离等。

(2) 化学法。利用化学反应原理和方法，使水和废水中的污染物与投加的化学药剂发生化学反应，从而分离、去除、回收呈溶解、胶体状态的污染物或将其转化为无害物质。常用的化学处理法包括中和、氧化还原和化学沉淀等。

(3) 物理化学法。这里的物理化学处理法并非指化学分支中的“物理化学”，而是处理过程中包含了物理处理和化学处理两种作用。常见物理化学处理法包括混凝、吸附、过滤和电解等。

(4) 生物处理法。利用微生物(主要是细菌)的新陈代谢功能，吸附、降解水和废水中的有机污染物和某些无机物，使其转化为稳定、无害的物质。按微生物对氧的需求，生物处理法可分为好氧生物处理法和厌氧生物处理法。按微生物的存在形式，可以分为活性污泥法、生物膜法等类型。

思考题与习题

1. 论述工业用水与工业排水的主要特点。

2. 论述工业排水中的污染物类型与主要来源。

3. 以再生水作为水源的循环冷却水，其水质要求有哪些？

4. 第Ⅰ类污染物有哪些，国家对该类型污染物的排放有何控制要求？

5. 我国现行环境质量和污染物排放控制标准的分类及相互关系如何？

6. 工业水处理主要有哪些方法，各有什么特点？

7. 现有处于规划阶段的某半导体企业A(邻近沣河，属于地表水Ⅲ类)，预计企业建成并投入运营后的污水排放量在10000m^3/d。排放的主要污染物包括有机溶剂、铜、铅和氟化物等。就该项目，请帮助企业解决以下问题：

(1) 企业污水能否直接排入附近河道？

(2) 企业污水欲合法排放，需满足何种水质要求？

第3章　工业水的物理处理技术

物理处理技术是利用物理作用来分离或回收水中不溶性杂质的处理方法。该法常用于去除水中的悬浮物，污染物的性质不变。目前，常用的物理处理技术有气浮、沉淀、过滤、离心分离、冷却和吹脱等。总体来看，物理法具有设备简单、运行费用低、工艺成熟等特点，被广泛应用于工业用水和工业排水的净化中。本章侧重从工艺原理、设备构造以及设计计算方法等方面介绍气浮、沉淀、深层过滤三种技术。

3.1　气浮

3.1.1　基本原理

气浮法是将气体溶入水中，减压释放后产生大量微气泡。这些气泡与水中悬浮颗粒黏附后，使得二者的整体密度小于水。黏合体在浮力作用下上升至水面，形成浮渣层，从而使悬浮物与水分离。气浮法是一种有效的固-液和液-液分离方法，常用于颗粒密度接近或密度小于水的小颗粒的分离。

按照气泡的产生形式，可将气浮法分为散气气浮、溶气气浮和电解气浮法三大类。散气气浮法是空气通过微细孔扩散装置或微孔管或叶轮后，以微小气泡的形式分布在污水中进行气浮处理的过程。溶气气浮法包括加压溶气气浮和溶气真空气浮。加压溶气气浮是空气在加压条件下溶于水中，而在常压下析出；溶气真空气浮是空气在常压或加压条件下溶于水中，在负压条件下析出。该方法具有电耗少、设备简单、浮渣量相对较少等优点，技术相对成熟，已被广泛应用于轧钢、石油化工、食品油生产等工业排水的净化处理中。电解气浮法是指在运行时借助电解作用，在两个电极区不断产生氢、氧和氯气等微气泡，废水中的悬浮颗粒黏附于气泡上，上浮到水面而被去除。

根据气浮法的基本原理，实现气浮分离需满足以下条件：①水中形成足够数量的微气泡(理想尺寸在15~30μm之间)；②污染物在水中呈悬浮状态；③气泡与悬浮物存在黏附作用。因此，对于水中的疏水性颗粒，可直接用气浮法去除；而对于亲水性颗粒，则需投加化学药剂，以改变颗粒物的表面性质，增加气泡与颗粒的黏附性能。

3.1.2　常用气浮药剂

为了达到预期效果，在气浮过程中需根据实际情况投加化学药剂。常用的药剂类型包括混凝剂、浮选剂、助凝剂、抑制剂和调节剂。

(1) 混凝剂

混凝剂的投加不仅可以改变水中悬浮颗粒的亲水性能，在絮凝作用下还具有增加颗粒尺寸的功能，促进气泡的黏附和上浮。混凝剂的种类很多，按化学成分可分为无机和有机两大类。常用的无机混凝剂主要有明矾、氯化铁、聚合氯化铝和聚合硫酸铁等；有机混凝剂主要为高分子物质。

(2) 助凝剂

助凝剂可以改善颗粒结构，促使细小而松散的颗粒变得粗大而密实，从而提高颗粒的可浮性。常用的助凝剂有聚丙烯酰胺、活化硅酸和海藻酸钠等。

(3) 浮选剂

气泡形成后，并非所有悬浮颗粒都能与之黏附，并顺利上浮至水面。为了增加水中悬颗粒的可浮性，需向水中投加适当的浮选剂。浮选剂大多数由极性-非极性分子组成。浮选剂的极性基团被吸附在亲水性悬浮颗粒表面后，非极性基团则朝向水中，可使颗粒由亲水性转化为疏水性，从而改善其与微细气泡间的黏附性能。常用的浮选剂有松香、石油、表面活性剂和硬脂酸盐等。

(4) 抑制剂

水中物质复杂多样，并非所有组分都是有毒有害或值得回收的物质。添加抑制剂可以暂时或永久性地抑制某些物质的气浮性能，同时又不会妨碍需要去除或回收的颗粒上浮，从而增加气浮过程的选择性。常用的抑制剂有石灰和硫化钠等。

(5) 调节剂

调节剂的主要功能是调节水的 pH，改进和提高气泡在水中的分散度及悬浮颗粒与气泡间的黏附能力，常用的调节药剂有各种酸和碱等。

3.1.3 气浮设备

按照气浮方式，常用的气浮设备可分为电解气浮设备、散气气浮设备和溶气气浮设备等。

(1) 电解气浮设备

该装置将正负极相间的多组电极浸泡在水中，通以直流电时水发生电解反应，正负两极间产生的氢气和氧气气泡黏附于悬浮物上，将其带至水面达到分离的目的(图 3-1)，电解气浮设备主要用于有机组分，尤其是絮状悬浮物的去除。处理水量在 10～20m^3/h 这类气浮设备具有污染物去除范围广、污泥量少、占地面积小等优点，但电耗高、运行管理复杂。水量较大时其应用受到一定的限制。

(2) 散气气浮设备

该装置通过机械剪切力，将混合于水中的空气切成细小气泡，主要应用于油漆、制革、炼油、印染、化学、乳品加工、纤维生产、造纸、食品饮料、屠宰、纺织和机械加工等工业排水处理。散气气浮设备处理能力有限，但对不可溶物质及悬浮物的处理效果显著。根据微气泡产生的方法不同，散气气浮设备又分为扩散板曝气气浮、叶轮气浮、水泵吸水管吸气气浮和射流气浮等多种形式。

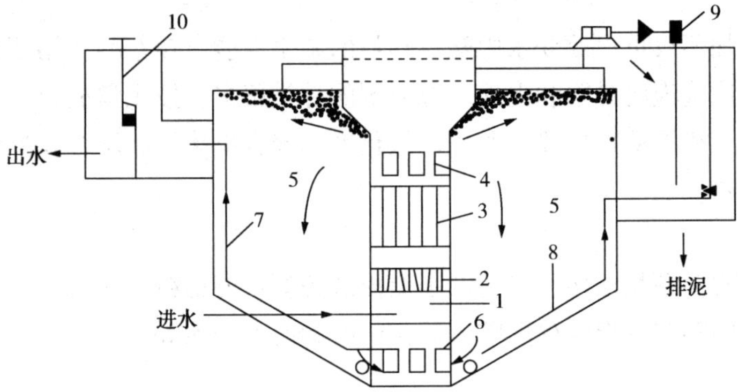

图 3-1　竖流式电解气浮设备结构组成

1—入流室；2—整流栅；3—电极组；4—出流孔；5—分离室；
6—集水孔；7—出水孔；8—排泥沉淀管；9—刮渣机；10—水位调节器

① 扩散板曝气气浮设备

通过将压缩空气引入靠近池底的微孔板，空气被微孔板上的微孔分散成细小气泡，实现气泡与悬浮颗粒的有效黏附(图 3-2)。扩散板曝气气浮设备是一种传统的布气气浮形式，简单易行，但由于微孔容易堵塞，气浮效果并不理想，目前市场上应用较少。

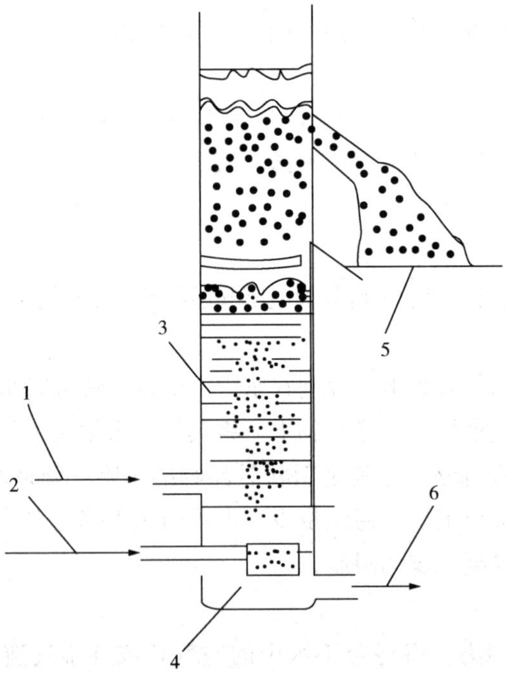

图 3-2　扩散板曝气气浮设备示意图

1—入流；2—空气；3—分离区；4—微孔扩散设备；5—浮渣；6—出流

② 叶轮气浮设备

叶轮在高速旋转时形成负压区。在负压作用下，空气由空气管进入叶轮附近。而后，在叶轮的搅动下，空气被粉碎成细小的气泡与水充分混合成为水气混合体，甩出导向叶片之外，在气浮池内与悬浮颗粒黏附后平稳上升，达到固液分离的目的(图 3-3)。叶轮气浮设备适用于水量小且污染物质浓度高的工业排水，除油效果在 80%左右。

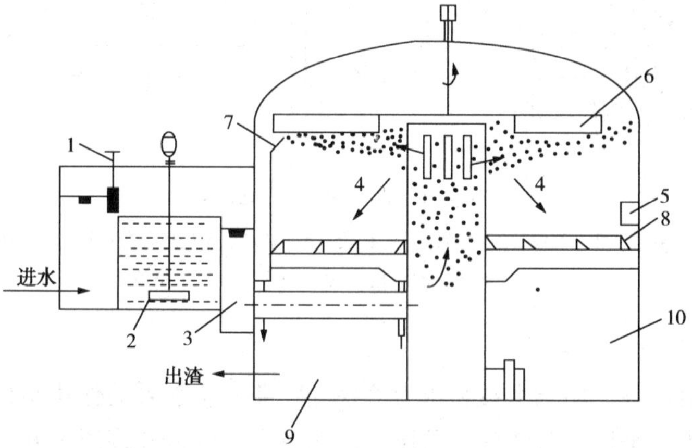

图 3-3　叶轮气浮设备构造示意图

1—流量调节器；2—曝气器；3—消气井；4—分离区；5—环形出水槽；6—刮渣装置；7—集水槽；8—池底刮泥板；9—除渣室；10—操作室(包括抽真空设备)

③ 水泵吸水管吸气气浮设备

水泵吸水管吸气是一种最简单的气浮形式，但受水泵工作特性的限制，吸入空气量不宜过多。同时，气泡在泵体内的破碎效果一般，不利于后续气浮过程的进行。这种气浮设备常用于含油水的处理。

④ 射流气浮设备

以水带气的方式向待处理水中混入空气进行气浮。设备喷嘴射出的高速水流可使吸入室内形成真空，并通过吸气管吸入空气。空气在喉管内被粉碎成微气泡。射流器的参数需通过试验确定，主要用于矿物浮选，也用于含油脂、羊毛或表面活性剂的工业排水的初级处理。

(3) 溶气气浮设备

该设备使空气在一定的压力作用下溶解于水中，达到饱和状态，然后再突然降至常压，使溶解于水中的空气以微气泡的形式逸出，进行气浮的设备。按溶解空气和气泡析出条件的不同，溶气气浮设备又可分为真空溶气气浮设备和加压溶气气浮设备两种。前者的空气是在常压条件下溶解，真空释放；后者是空气在加压条件下溶解，常压下释放。

真空溶气气浮无需加压设备，但常压下空气的溶解度较低，气泡释放量有限，设备运行维护也比较困难，因此实际应用并不多(图 3-4)。与真空溶气气浮法相比，加压条件下空气在水中的溶解度较大，能形成足够的微气泡，而且气泡粒径小、分布均匀，因此，实际应用非常广泛。加压溶气气浮设备主要包括溶气系统、空气释放系统和气浮池三部分。

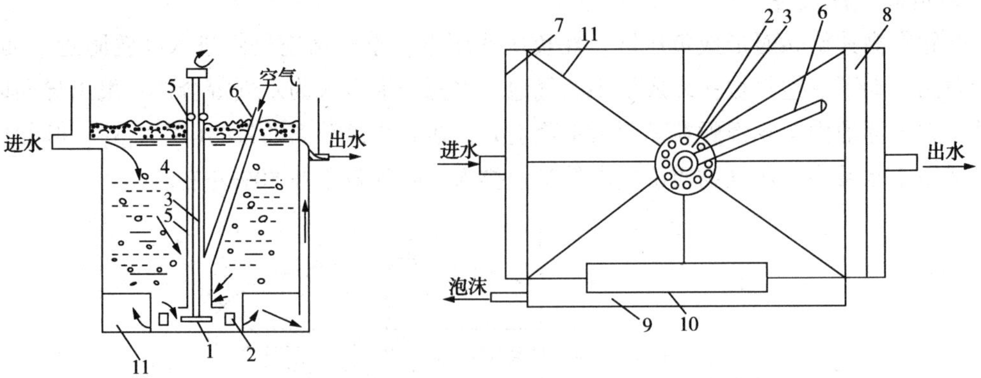

图 3-4　真空溶气气浮设备

1—叶轮；2—盖板；3—转轴；4—轴套；5—轴承；6—进气管；7—进水槽；
8—出水槽；9—泡沫槽；10—刮沫板；11—整流板

① 压力溶气系统

包括空气供给设备、加压水泵和压力溶气罐三部分。水泵的作用是提升待处理水，将水、气以一定压力送至压力溶气罐，其压力的选择应考虑溶气罐压力和管路系统的水力损失两部分。压力溶气罐的作用是使水与空气充分接触，促进空气的溶解。溶气罐的形式多种多样，具体如图 3-5 所示，其中以罐内填充填料的溶气罐效率最高。

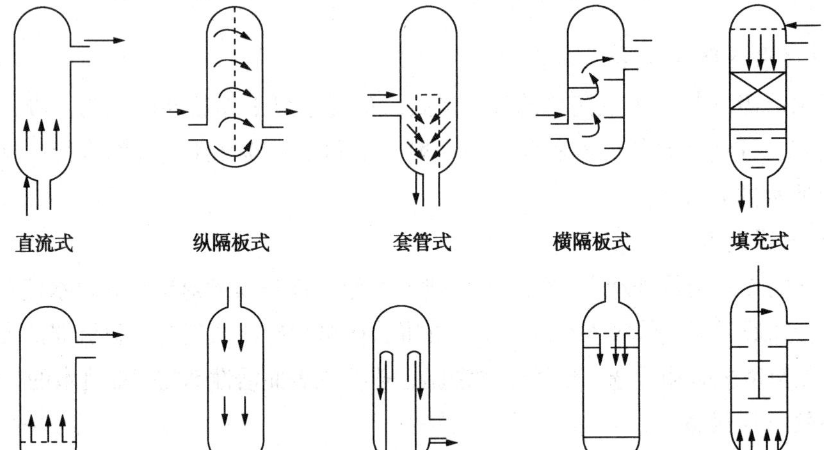

图 3-5　溶气罐的各种形式

② 空气释放系统

由溶气释放装置和溶气水管路组成。溶气释放装置的功能是将压力溶气水减压，使溶气水中的气体以微气泡（20~100pm）的形式释放出来，并能迅速、均匀地与水中的悬浮物黏附，常用的溶气释放装置有减压阀、溶气释放喷嘴和释放器等。

③ 气浮池

气浮池的功能是提供一定的空间使微气泡与水中悬浮颗粒充分混合、接触、黏附，并使带气颗粒与水分离。气浮池主要有平流式和竖流式两种形式。

a. 平流式气浮池

待处理水由池一端的下部进入接触区，微气泡与进水均匀混合，使悬浮颗粒黏附于气泡上，经隔板进入分离区分离后，污染物随气泡一起上浮到水面上，经刮渣设备刮除（图 3-6），该池形池身浅、造价低、构造简单、管理方便，但分离区利用率不高。

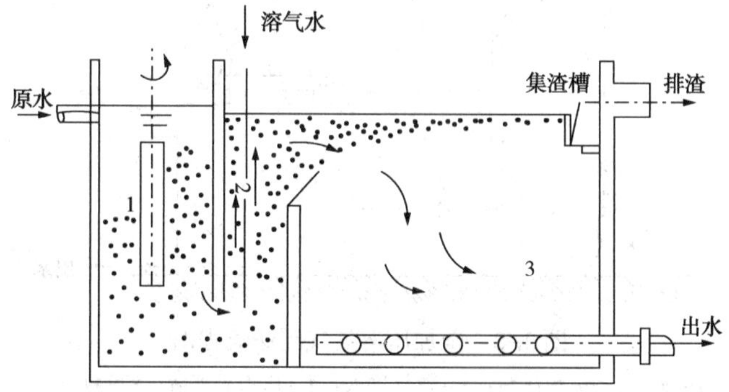

图 3-6　平流式气浮池

1—反应池；2—接触室；3—气浮池

b. 竖流式气浮池

待处理水由中心进周边出，悬浮物黏附在微气泡上一起上浮，具体结构如图 3-7 所示。这类气浮池占地面积小，但结构复杂、造价高，处理效果也不稳定。

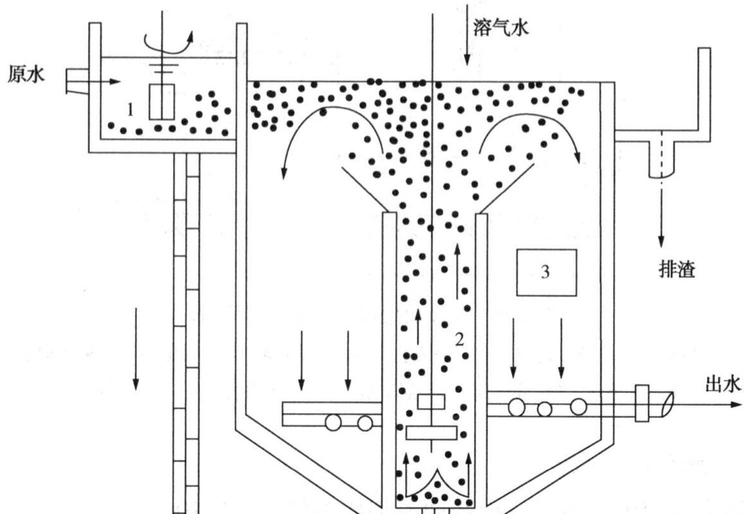

图 3-7　竖流式气浮池

1—反应池；2—接触室；3—气浮池

④ 加压溶气气浮工艺流程

加压溶气气浮工艺主要有全加压溶气气浮工艺、部分加压溶气气浮工艺和部分回流加压溶气气浮工艺三种形式。

a. 全加压溶气气浮

全部原水由加压泵送入溶气罐，用空压机或射流器向溶气罐压入空气进行溶气，然后经减压释放装置进入气浮池进行固液分离(图 3-8)。

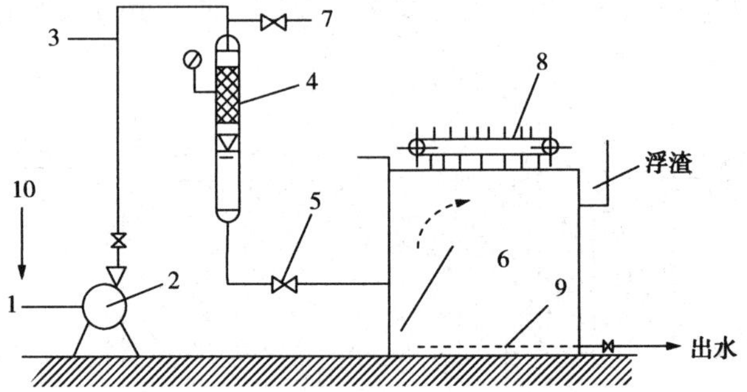

图 3-8 全加压溶气气浮法流程图

1—原水；2—加压泵；3—空气进入；4—压力容器罐(含填料层)；5—减压阀；6—气浮池；7—放气阀；8—刮渣机；9—集水系统；10—化学药液

b. 部分加压溶气气浮

仅对部分原水进行加压溶气，其余直接进入气浮池(图 3-9)。

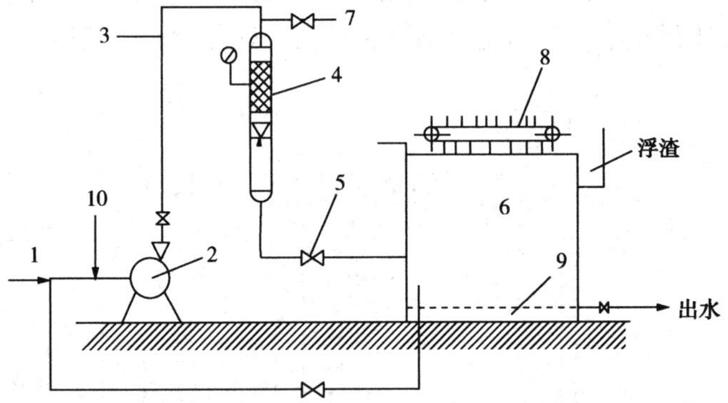

图 3-9 部分加压溶气气浮法流程图

1—原水；2—加压泵；3—空气进入；4—压力容器罐(含填料层)；5—减压阀；6—气浮池；7—放气阀；8—刮渣机；9—集水系统；10—化学药液

c. 部分回流加压溶气气浮

原水直接进入气浮池，将部分出水回流加压溶气(图 3-10)。

三种加压溶气气浮工艺中，全加压溶气流程的电耗较高，气浮池容积小；部分加压溶气流程比较省电，且溶气罐也较小，若需溶解空气多时，需要加大溶气罐压力；回流加压溶气流程适用于悬浮物浓度高的原水，但气浮池容积较大。

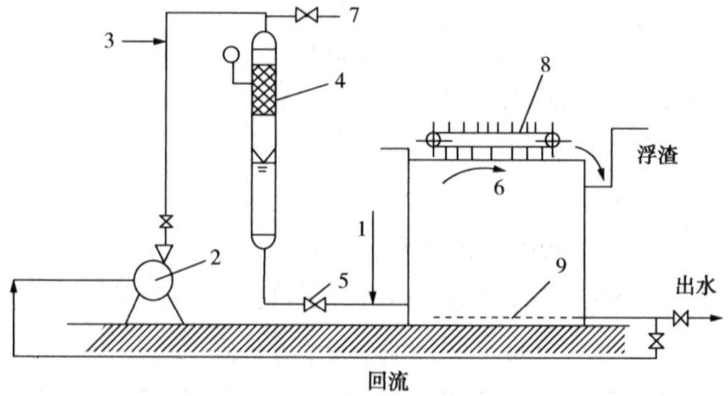

图 3-10　部分回流加压溶气气浮法流程图

1—原水；2—加压泵；3—空气进入；4—压力容器罐（含填料层）；5—减压阀；6—气浮池；7—放气阀；8—刮渣机；9—集水管及回流清洗管

3.1.4　设计计算

（1）参数选择

① 通过小型试验或模型试验，确定溶气压力及回流比。溶气压力一般在 0.2~0.4MPa 之间，回流比取 5%~25%。

② 根据试验时的混凝剂投加量和絮凝时间，确定反应时间，一般在 5~15min。

③ 气浮池的池形应根据处理程度、前后构筑物衔接、造价和施工难易程度等因素综合考虑。反应池宜与气浮池合建，进入气浮池接触室的水流流速宜控制在 0.1m/s 以下。

④ 接触室应易于安装和检修，上升流速一般取 10~20mm/s，水流在接触室内的停留时间不宜小于 60s。

⑤ 气浮分离室内的水流流速，一般在 1.5~3.0mm/s 之间，分离室的表面负荷率取 5.4~10.8m^3/(m^2·h)。

⑥ 气浮池的有效水深一般取 2.0~2.5m，池中水流停留时间一般为 10~20min。

⑦ 气浮池的长宽比无严格要求，一般以单格宽度不超过 10m，池长不超过 15m 为宜。

⑧ 浮渣一般采用刮渣机定期排除，刮渣机的行车速度宜控制在 5m/min 以内。

⑨ 气浮池集水应尽量均匀。一般采用穿孔集水管，最大流速宜控制在 0.5m/s 左右。

（2）设计计算

① 所需空气量 Q_g（L/h）

$$Q_g = QR'a_c\varphi \tag{3-1}$$

式中　Q——设计水量，m^3/h；

R'——回流比，%；

a_c——释放量，L/m^3

φ——水温校正系数，取 1.1~3.3。

② 加压溶气水量 Q_p（m^3/h）

$$Q_p=\frac{Q_g}{736\eta pK_r} \quad (3-2)$$

式中 Q_p——加压溶气水量，m^3/h；

Q_g——所需空气量，L/h；

p——溶气压力，MPa；

K_r——溶解度系数，可根据水温查表 3-1 而得；

η——溶气效率，对装阶梯环填料的溶气罐可按表 3-2 查得。

表 3-1 不同温度下的 K_r 值

温度/℃	0	10	20	30	40
K_r	3.17×10^{-2}	2.95×10^{-2}	2.43×10^{-2}	2.06×10^{-2}	1.7×10^{-2}

表 3-2 阶梯环填料层(层高 1m)水温、压力与溶气效率间的关系

水温/℃	5			10			15		
溶气压力/MPa	0.2	0.3	0.4~0.5	0.2	0.3	0.4~0.5	0.2	0.3	0.4~0.5
溶气效率/%	76	83	80	77	84	81	80	86	83
水温/℃	20			25			30		
溶气压力/MPa	0.2	0.3	0.4~0.5	0.2	0.3	0.4~0.5	0.2	0.3	0.4~0.5
溶气效率/%	85	90	90	88	92	92	93	98	98

③ 接触室表面积 A_c(m^2)

$$A_c=\frac{Q+Q_p}{V_c} \quad (3-3)$$

式中 V_c——接触室上升流速，m/h。

接触室的平面尺寸，应考虑施工和释放器布置等因素，并按停留时间大于 60s 复核接触室容积。

④ 分离室表面积 A_s(m^2)

$$A_s=\frac{Q+Q_p}{V_s} \quad (3-4)$$

式中 V_s——气浮分离速度，m/h；

矩形分离室的长宽比一般取(1~2)∶1。

⑤ 气浮池净容积 W(m^3)

$$W=(A_c+A_s)H \quad (3-5)$$

式中 H——气浮池有效水深，m。

⑥ 溶气罐直径 D_d(m)

$$D_d=\sqrt{\frac{4\times Q_p}{\pi I}} \quad (3-6)$$

空罐 1 取 1000~2000$m^3/(m^2\cdot d)$，填料罐 1 取 2500~5000$m^3/(m^2\cdot d)$。

⑦ 溶气罐高 Z(m)

$$Z=2Z_1+Z_2+Z_3+Z_4 \tag{3-7}$$

式中 Z_1——罐顶、底封头高度(取罐半径)，m；

Z_2——布水区高度，m，一般取 0.2~0.3m；

Z_3——贮水区高度，m，一般取 1.0m；

Z_4——填料层高度 m，当采用阶梯环时，可取 1.0~1.3m。

⑧ 空压机额定气量 Q'_g(L/h)

$$Q'_g=\varphi'\times\frac{Q_g}{60\times1000} \tag{3-8}$$

式中 φ'——安全系数，一般取 1.2~1.5。

【例 3-1】某厂电镀车间酸性排水中重金属离子含量：Cr^{6+} 为 14.4mg/L，Cr^{3+} 为 5.7mg/L，总 Fe 离子为 10.5mg/L，Cr^{2+} 为 16.0mg/L。现决定采用的处理工艺是：先向原水中投加硫酸亚铁和氢氧化钠生成金属氢氧化物絮凝体，然后用气浮法分离絮渣。根据小型试验结果，经气浮处理后，出水中各种重金属离子含量均达到了国家排放标准。浮渣含水率在 96%左右。采用立式反应-气浮池进行处理，并将气浮设备置于调节池之上，加药设备放在气浮池操作平台上，并采用镀件冲洗水作为溶气水。基本的设计参数为：处理水量 $Q=20m^3/h$；分离室停留时间 $t_s=10min$；反应时间 $t=6min$；溶气水量占处理水量的比值 R 取 30%；接触室 V_1、V_2的上升流速分别为 $v_c=10mm/s$，$v_e=15mm/s$；溶气压力采用 0.3MPa；气浮分离速度 $v_s=2.0mm/s$；浮渣层高度 $H_1=5cm$，超高 $H_2=15cm$；填料罐过流密度 $I=3000m^3(m^2\cdot d)$；试验测得回流比 $R'=30\%$，释放量 $a_c=53L/m^3$；水温校正系数 $\varphi=1.2$，安全系数 $\varphi'=1.4$，试设计计算该反应-气浮池。

【解】反应-气浮池的计算草图见图 3-11。

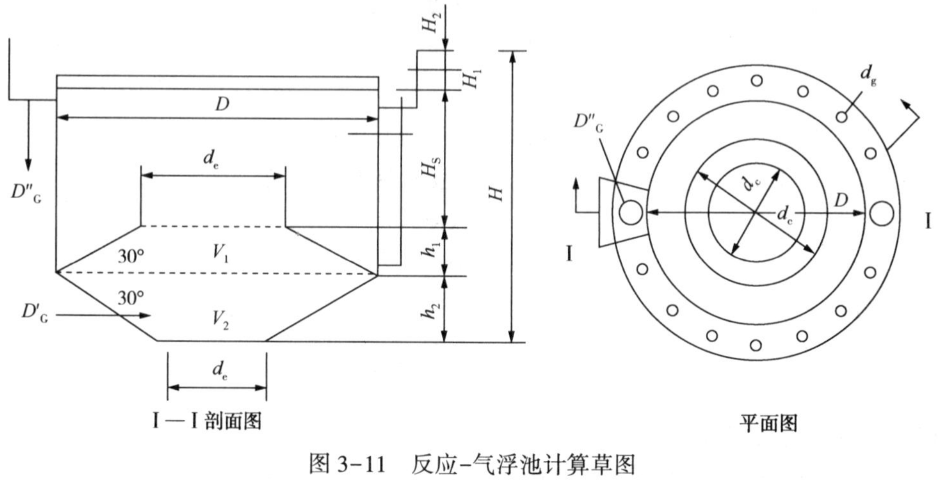

图 3-11 反应-气浮池计算草图

(1) 气浮池接触室 V_1 直径 d_c。根据接触室上升流速 $v_c=10mm/s$，得接触室表面积为：

$$A_c=\frac{Q(1+R)}{v_c}=\frac{20\times(1+0.30)}{3600\times10\times10^{-3}}=0.72\text{m}^2$$

$$d_c=\sqrt{\frac{4A_c}{\pi}}=\sqrt{\frac{4\times0.72}{3.14}}=0.96\text{m}(\text{取 }1.0\text{m})$$

同理，求得气浮池接触室 V_2 直径 d_c 为 0.78m，取 0.80m

(2) 气浮池直径 D。根据分离速度 $v_s=2.0\text{mm/s}$，得分离室表面积为：

$$A_s=\frac{Q(1+R)}{v_s}=\frac{20\times(1+0.30)}{3600\times2.0\times10^{-3}}=3.61\text{m}^2$$

$$D=\sqrt{\frac{4(A_c+A_s)}{\pi}}=\sqrt{\frac{4\times(0.72+3.61)}{3.14}}=2.35\text{m}(\text{取 }2.4\text{m})$$

(3) 分离室水深 H_s。已知分离室停留时间 $t_s=10\text{min}$，则：

$$H_s=v_st_s=2.0\times10^{-3}\times10\times60=1.2\text{m}$$

(4) 气浮池容积 W

$$W=(A_c+A_s)H_s=(0.72+3.61)\times1.20=5.20\text{m}^3$$

(5) 反应池容积 V

$$V=V_1+V_2$$

其中，圆台 V_1 的高度 h_1 为：

$$h_1=\frac{D-d_c}{2}\times\tan30°=\frac{2.4-1.0}{2}\times0.557=0.40\text{m}$$

同理，可求得圆台 V_2 的高度 h_2 为 0.46m。

则，圆台体积：$V=\frac{1}{3}\pi h\left[\left(\frac{D}{2}\right)^2+\left(\frac{Dd}{2}\right)^2+\frac{Dd}{4}\right]$，可知：

$$V_1=0.96\text{m}^3$$

$$V_2=1.0\text{m}^3$$

则有：

$$V=V_1+V_2=0.96+1=1.96\text{m}$$

根据基本设计数据，反应时间 $t=6\text{min}$，反应池体积 V 应为：

$$V'=\frac{Qt}{60}=\frac{20\times6}{60}=2\text{m}^2$$

现 V 略小于 V'，其实际反应时间为：

$$T=\frac{60V}{Q}=\frac{60\times1.96}{20}=5.88\text{min}$$

(6) 反应-气浮池高度 H

$$H=H_1+H_2+H_3+h_1+h_2=0.15+0.05+1.2+0.40+0.46=2.26\text{m}$$

(7) 加压容器系统

① 压力溶气罐按过流密度 $I=3000\text{m}^3/(\text{m}^2\cdot\text{d})$ 计算溶气罐直径 D_d。

$$D_d=\sqrt{\frac{4\,Q_p}{\pi I}}=\sqrt{\frac{4QR}{\pi I}}=\sqrt{\frac{4\times20\times30\%\times24}{3.14\times3000}}=0.25\text{m}$$

选用标准直径 $D_d=300$mm，TR-Ⅰ型压力溶气罐一只。

② 空压机气浮所需用释气量 Q'_g

$$Q_g=QR'a_c\varphi=20\times30\%\times53\times1.2=381.6\text{L/h}$$

式中，R'、a_c值均为 20℃试验时取得。因试验温度与生产中最低水温相差不甚大，φ 取1.2

所需空压机额定气量为：

$$Q'_g=\varphi'\frac{Q_g}{60\times1000}=1.4\times\frac{381.6}{60\times1000}=0.009\ \text{m}^3/\text{min}$$

选用 Z-0.025/6 空压机间歇工作。

3.2 沉淀

沉淀是工业水处理中常见的固-液分离技术，是悬浮颗粒在自身重力作用下逐渐从水中析出的过程，依托上述原理进行水质净化的装置或构筑物称为沉淀池。沉淀池按其在水处理流程中的位置，可分为初沉池和二沉池，二者所具有的功能存在一定差异。如，在曝气池前设初沉池可以降低污水中的悬浮固体含量，减轻生物处理的负荷；在曝气池后设二沉池可以截留活性污泥，避免污泥流失，保证出水水质；在絮凝池或絮凝单元后设置的化学沉淀池，可提高悬浮物、难降解有机物、还原性物质和色度等的去除效率。

沉淀池按水流方向又分为平流式沉淀池、辐流式沉淀池、竖流式沉淀池和斜板斜管沉淀池等形式。各种池形的优缺点和适用条件见表 3-3，每种沉淀池均包括进水区、沉淀区、缓冲区、污泥区和出水区五个组成部分。在各种池形中，平流式沉淀池的应用范围最广，可用于大、中、小各种规模的包括无机颗粒和微生物絮体在内的各种固体微粒的沉降处理，但占地面积较大。与平流式沉淀池不同，竖流式沉淀池占地面积小，对生物絮体以及无机颗粒均具有良好的沉降去除性能，在用地紧缺的工业企业中的使用比较普遍。

表 3-3 各种沉淀池形的优缺点和适用条件

池形	优 点	缺 点	适用条件
平流式	沉淀效果好，对冲击负荷和温度变化的适应能力较强，施工简易，造价较低	池子配水不易均匀。采用多斗排泥时，每个泥斗需要单独设排泥管各自排泥，操作量大；采用链带式刮泥机排泥时，链带的支撑件和驱动件都浸于水中，易锈蚀	适用于地下水位高及地质较差地区；适用于大、中、小型水处理站

续表

池形	优　点	缺　点	适用条件
竖流式	排泥方便，管理简单，占地面积小	池子深度大，施工困难，对冲击负荷和温度变化的适应能力较差。造价较高，池径不宜过大，否则布水不匀	适用于处理水量不大的小型水处理站
辐流式	多为机械排泥，运行效果较好，管理较简单，排泥设备已定型	机械排泥设备复杂，对施工质量要求高	适用于地下水位较高地区；适用于大、中型污水处理站
斜板斜管	大大提高沉淀效率，缩短沉淀时间，减小沉淀池体积	斜板、斜管易结垢，长生物膜，产生浮渣，维修工作量大。管材、板材寿命低	适用于大、中型给水处理站

3.2.1　平流式沉淀池

平流式沉淀池的结构与平流式沉砂池相近。不同的是，待处理水在平流式沉淀池中的沉淀时间更长，由沉砂池的30~60s增至1.0h以上，水平流速相应的也由0.15~0.30m/s降至5~7mm/s。其中，初沉池中悬浮物的沉降性能相对较好，流速取大值；二沉池中的生物絮体沉降性能较差，流速取小值。与平流式隔油池相比，平流式沉淀池在出水端无集油管，其设计计算过程可参考以上两种构筑物。

设计流量应按分期建设考虑。当污水为自流进入时，应按每期的最大设计流量计算；当污水为提升进入时，应按每期工作水泵的最大流量计算。沉淀池的个数和分格数不小于2个，池体超高至少0.3m，缓冲层高度0.3~0.5m。沉淀池有效水深(H)、沉淀时间与表面负荷(q')的关系见表3-4。有效水深2~4m。采用重力排泥时应每日排泥，初沉池的静水头不应小于1.5m；二沉池的静水头，在用生物膜法处理后不应小于1.2m，曝气池后不应小于0.9m。机械排泥时可连续或间歇排泥。

表3-4　沉淀池有效水深(H)、沉淀时间(t)与表面负荷(q')的关系

q'/[m^3/(m^2·h)]	t/h				
	H=2.0m	H=2.5m	H=3.0m	H=3.5m	H=4.0m
3.0			1.0	1.17	1.33
2.5		1.0	1.2	1.4	1.6
2.0	1.0	1.25	1.5	1.75	2.0
1.5	1.33	1.67	2.0	2.33	2.67
1.0	2.0	2.5	3.0	3.5	4.0

3.2.2　竖流式沉淀池

竖流式沉淀池又称立式沉淀池。池体平面为圆形或方形，水由设在池中心的进水管自上而下进入池内，管下设伞形挡板使入流在池中均匀分布后沿整个过水断面缓慢上升，悬浮物沉降进入池底锥形沉泥斗中，清水从池四周沿周边溢流堰流出(图 3-12)，堰前设挡板及浮渣槽，以截留浮渣保证出水水质。池的一边靠池壁设排泥管，靠静水压力定期将泥排出。

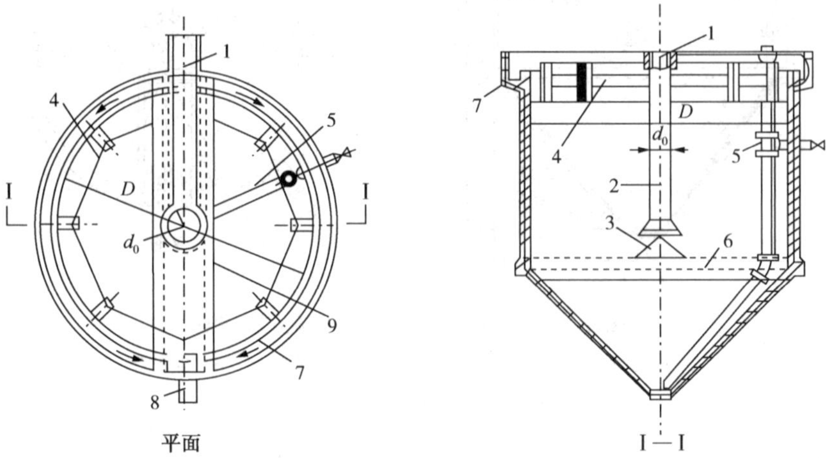

图 3-12　竖流式沉淀池

1—进水槽；2—中心管；3—反射板；4—挡板；5—排泥管；6—缓冲管；7—集水槽；8—出水管；9—过桥

在竖流式沉淀池中，水流方向与颗粒沉淀方向相反，其截留速度与水流上升速度相等，上升速度等于沉降速度的颗粒将悬浮在混合液中形成一层悬浮层，对上升的颗粒进行拦截和过滤。因而竖流式沉淀池的效率比平流式沉淀池要高。其优点是占地面积小，排泥容易，缺点是深度大，施工困难，常用于处理水量小于 20000m^3/d 的水和废水处理站。

(1) 设计参数

为使水流在沉淀池内分布均匀，池子直径(或正方形边长)与有效水深之比值不宜大于 3。池子直径一般在 4～7m 之间，最大不超过 10m。中心管内流速不大于 30mm/s。中心管下口应设有喇叭口和反射板，具体结构以及各部分尺寸间的关系如图 3-13 所示。其中，中心管下端至反射板表面之间的缝隙高在 0.25～0.5m 时，缝隙内的水流速度，在初沉池中不大于 20mm/s，在二沉池中不大于 15mm/s。

排泥管下端距池底不大于 0.2m，上端超出水面不小于 0.4m；浮渣挡板距集水槽 0.25～0.5m，高出水面 0.1～0.15m，淹没深度 0.3～0.4m。当沉淀池直径(或正方形边长)在 7m 以内时，沉淀出水沿池子周边流出；当沉淀池直径在 7m 以上时，应增设辐射式支渠(图 3-14)。

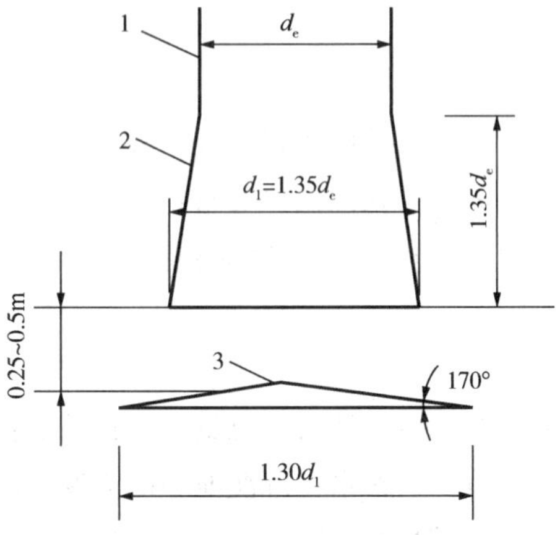

图 3-13　中心管和反射板尺寸

1—中心管；2—喇叭口；3—反射板

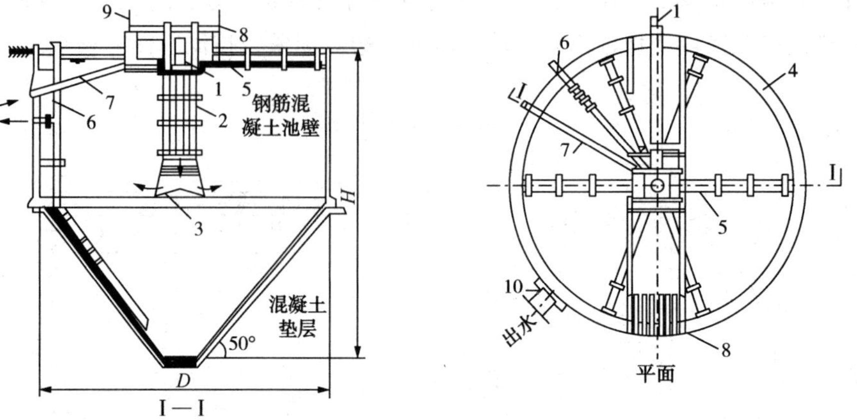

图 3-14 设有辐射式支渠的竖流式沉淀池

1—进水箱；2—中心管；3—反射板；4—集水槽；5—集水支架；6—排泥管；7—浮渣管；8—木盖板；9—挡板；10—闸板

（2）计算公式

① 中心管面积（m^2）

$$f=\frac{q_{max}}{v_0} \tag{3-9}$$

式中 q_{max}——每池最大设计流量，m^3/s；

v_0——中心管内流速，m/s。

② 中心管直径（m）

$$d_0=\sqrt{\frac{4f}{\pi}} \tag{3-10}$$

③ 中心管喇叭口与反射板之间的缝隙高度（m）

$$h_3=\frac{q_{max}}{v_1\pi d_1} \tag{3-11}$$

式中 d_1——管喇叭口直径，m；

v_1——污水由中心管喇叭口与反射板之间的缝隙流出速度，m/s。

④ 沉淀部分有效断面积（m^2）

$$F=\frac{q_{max}}{k_2 v} \tag{3-12}$$

式中 k_2——生活污水流量总变化系数；

v——污水在沉淀池中的流速，m/s。

⑤ 沉淀池直径（m）

$$D=\sqrt{\frac{4(F+f)}{\pi}} \tag{3-13}$$

⑥ 沉淀部分有效水深(m)

$$H_A=3600vt \quad (3-14)$$

式中 t——沉淀时间，h。

⑦ 沉淀部分所需总容积(m^3)

$$V=\frac{SNT}{1000} \quad (3-15)$$

$$V=\frac{Q_{max}(C_1+C_2)T\times86400\times100}{h_2\rho(100-P_0)} \quad (3-16)$$

式中 S——每人每日污泥量，L/(人·d)，一般采用0.3~0.8L/(人·d)；

N——设计人口数，人；

T——两次清除污泥相隔时间，d；

C_1——进水悬浮物浓度，t/m^3；

C_2——出水悬浮物浓度，t/m^3；

ρ——污泥密度，t/m^3，其值约为1；

P_o——污泥含水率,%。

⑧ 圆截锥部分容积(m^3)

$$V_1=\frac{\pi h_5}{3}(R^2+Rr+r^2) \quad (3-17)$$

式中 R——圆截锥上部半径，m；

r——圆截锥下部半径，m；

h_5——污泥室圆截锥部分的高度，m。

⑨ 沉淀池高度(m)

$$H=h_1+h_2+h_3+h_4+h_5 \quad (3-18)$$

式中 h_1——超高，m；

h_2——中心管淹没深度，m；

h_3——中心管喇叭口与反射板之间的缝隙高度，m；

h_4——缓冲层高，m；

h_5——污泥室圆截锥部分的高度，m。

【例3-2】某工业排水的最大设计流量$Q_{max}=0.088m^3/s$，进水悬浮物浓度为$3788kg/m^3$，采用4个竖流式沉淀池进行处理，出水悬浮物浓度降低了50%，沉淀池表面负荷$q'=1.5m^3/(m^2\cdot h)$，水量变化系数$k_2=1.65$，中心管内流速$v_0=0.03m/s$污水在沉淀区的上升流速$v_1=0.0004m/s$，沉淀时间$t=2h$，间隙流速$v_2=0.02m/s$，圆截锥体下底直径为0.4m，超高及缓冲层均为0.3m，排泥时间间隔$T=2d$，污泥含水率$P_0=96\%$，污泥密度$\rho=1000kg/m^3$。求竖流式沉淀池各部分尺寸。

【解】计算示意见图3-15。

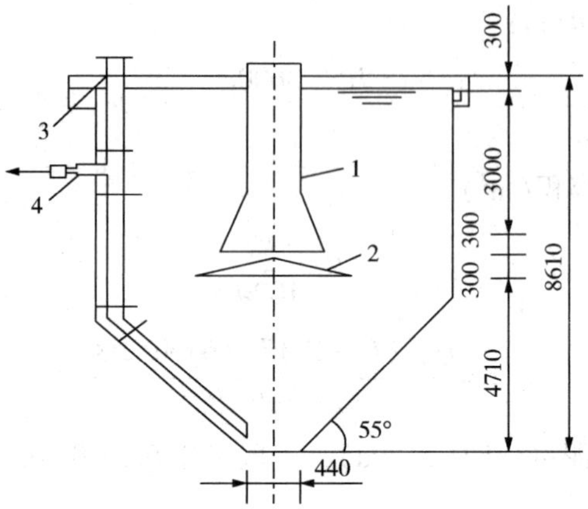

图 3-15　竖流式沉淀池示意图

1—中心管；2—反射板；3—挡板；4—排泥管

(1) 每池最大设计流量：

$$q_{\max}=\frac{Q_{\max}}{n}=\frac{0.088}{4}=0.22\text{m}^3/\text{s}$$

(2) 中心管面积：

$$f=\frac{q_{\max}}{v_0}=\frac{0.022}{0.03}=0.73\text{m}^2$$

(3) 中心管直径：

$$d_0=\sqrt{\frac{4f}{\pi}}=\sqrt{\frac{4\times0.73}{\pi}}=0.96\text{m}$$

取 $d_0=1\text{m}$。

(4) 中心管喇叭口直径：

$$d_1=1.35\times1=1.35\text{m}$$

(5) 中心管喇叭口与反射板之间的缝隙高度：

$$h_3=\frac{q_{\max}}{v_1\pi d_1}=\frac{0.022}{0.02\times\pi\times1.35}=0.26\text{m}$$

取 $h_3=0.3\text{m}$。

(6) 沉淀部分有效断面积：

$$v=\frac{1.5}{3600}\times1000=0.42\text{mm/s}=0.0004\text{m/s}$$

$$F=\frac{q_{\max}}{k_2 v}=\frac{0.022}{1.65\times0.0004}=33.3\text{m}$$

(7) 沉淀池直径：

$$D=\sqrt{\frac{4(F+f)}{\pi}}=\sqrt{\frac{4(33.3+0.73)}{\pi}}$$

采用 $D=7m$。

(8) 沉淀部分有效水深：

$$h_A=v_1\times3600=0.0004\times2\times3600=2.9m$$

取 $h_2=3m$

$$3h_2=3\times3=9m>7m(D)$$

符合要求。

(9) 校核集水槽出水堰负荷：

集水槽每米出水堰负荷为

$$\frac{q_{max}}{\pi D}=\frac{22}{\pi\times7}=11L/(s\cdot m)<2.9L/(s\cdot m)$$

符合要求。

(10) 沉淀部分所需总容积：

$$V=\frac{q_{max}\times24(C_1-C_2)100T}{k_2(100-P_0)}=\frac{0.022\times24\times0.5\times3788\times100\times2}{1000\times(100-96)}=50m^3$$

每个池子所需污泥室容积为：

$$\frac{50}{4}=12.5m^3$$

(11) 圆截锥部分容积：

$$h_5=(R-r)\tan55°=(3.5-0.2)\tan55°=4.71m$$

$$V_1=\frac{\pi h_5}{3}(R^2+Rr+r^2)=\frac{\pi\times4.71}{3}(3.5^2+3.5\times0.2+0.2^2)=64.0m^3>12.5m^3$$

(12) 沉淀池总高度：

$$H=h_1+h_2+h_3+h_4+h_5=0.3+3+0.26+0.3+4.71=8.57m$$

3.3 深层过滤

过滤是去除水中悬浮物的一种有效方法，可分为表面过滤和深层过滤。表面过滤是指待处理水通过一层隔膜，将固体颗粒截留在介质表面的过滤形式，如微滤和超滤。深层过滤是指滤料颗粒之间存在孔隙，将固体颗粒截留在过滤层介质内部的过滤方式。在工业水处理中，深层过滤经常作为混凝-沉淀的后续处理单元，或吸附、离子交换、膜分离技术的预处理单元，也可以作为生化处理后的深度处理单元。常用的深层过滤设施为滤池。按照滤速不同，滤池可分为以下几类：

(1) 慢滤池。过滤速度小于 0.4m/h 或负荷在 $2.9\sim7.6m^3/(m^2\cdot d)$ 之间，在机械筛分、生化降解和吸附作用下去除水中悬浮物和部分有机物。其优点是出水水质较好，但滤速慢、生产效率低，工作 1~3 个月以后需换滤砂，且在生物膜稳定之前出水水质较差。

(2) 快滤池。滤速介于 4~10m/h 之间或过滤负荷在 $120m^3/(m^2\cdot d)$ 左右。快滤池主要以石英砂为滤料，利用接触凝聚原理去除水中悬浮物。一般情况下，原水进入快滤池前需进行混凝和沉淀预处理。

（3）高速滤池。过滤速度介于 10~60m/h 之间。由于滤速大，处理相同水量的条件下所需的滤池个数少，过滤效率高。常用的池型为压力滤池，目前在工业水处理中的应用较多。

此外，按照驱动力不同，滤池可分为重力滤池和压力滤池；按照滤料层组成不同，分为单层滤料、双层滤料和多层滤料滤池；按照滤料冲洗状态不同，分为固定床式和移动床滤池；按照进出水及反冲洗水的供给和排出方式，分为普通快滤池、虹吸滤池和无阀滤池等。

工业企业用水和排水量相对较低，可供使用的场地面积往往十分有限，慢滤池和快滤池等工艺难以适用于工业水的净化处理。相反的，具有高速过滤性能的压力滤池等过滤设备，由于占地面积小、安装使用方便等优点，在工业水和废水的净化中得到了广泛应用。

3.3.1 普通快滤池

快滤池是典型的深层过滤设备，利用滤层中粒状材料所提供的接触面，在接触絮凝、筛滤和沉淀作用下，可实现远小于滤料孔隙尺寸的悬浮杂质的截留去除。普通快滤池是传统的快滤池型，滤料一般为单层细砂滤料或煤-砂双层滤料，滤料采用清水冲洗。

（1）滤池构造

普通快滤池包括滤料层、承托层、配水系统、集水渠和排水槽 5 个部分(图 3-16)。

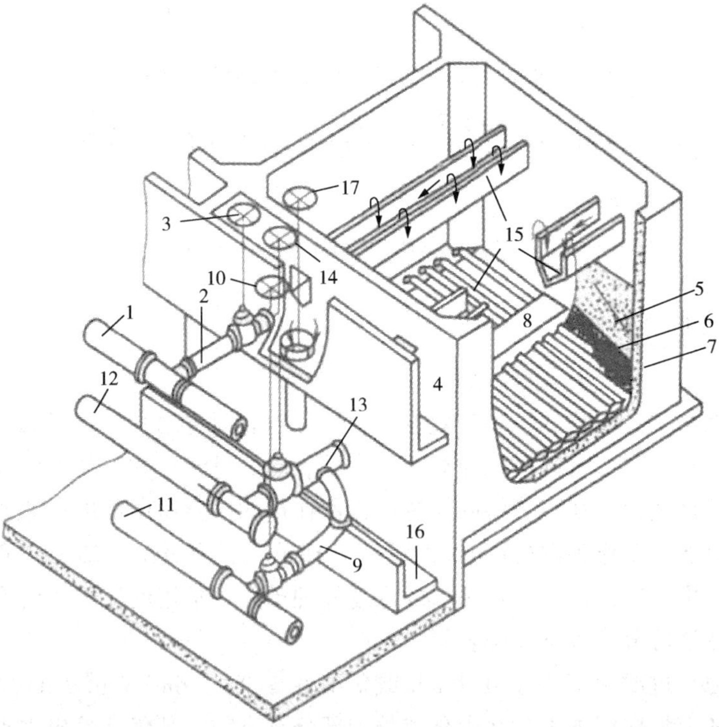

图 3-16　普通快滤池构造图

1—进水总管；2—进水支管；3—进水阀；4—浑水渠；5—滤料层；6—承托层；7—配水系统支管；8—配水干渠；9—清水支管；10—出水阀；11—清水总管；12—冲洗水总管；13—冲洗水支管；14—冲洗水阀；15—排水槽；16—废水渠；17—排水阀

① 滤料层

滤料粒径应满足悬浮物的去除效率要求。此外，其纳污能力和过滤效果还与滤层厚度和滤料级配有关。滤料粒径一定时，滤层厚度越大，去除率也越高。在生产中常利用最大和最小粒径表示滤料的规格。

② 承托层

承托层也称垫料层，可以防止滤料流失，也可以使配水均匀，一般配合大阻力配水系统使用。承托层的最小粒径一般不小于 2mm，其最大粒径以不被常规反冲洗强度下的水流冲动来考虑，一般为 32mm。不同粒径的垫料布置和层厚如表 3-5 所示。

表 3-5　承托层的规格

层次(自上而下)	粒径/mm	厚度/mm	层次(自上而下)	粒径/mm	厚度/mm
1	2~4	100	3	8~16	100
2	4~8	100	4	16~32	150

③ 配水系统

配水系统的作用是收集滤后水，并将反冲洗水均匀分布在整个滤池平面上。如果反冲洗水在池内分配不均匀，局部流速过大，滤料流化程度过高，会使这个区域的滤料迁移到流速较低的区域，甚至随反冲洗水流出池外，从而使滤料分层混乱，局部地方滤料厚度减薄，出水水质恶化。因此，配水系统的合理设计是滤池正常工作、保持滤料层稳定的关键。

④ 集水渠及排水槽

集水渠也为进水渠。反冲洗时用于收集排水槽过来的反冲洗水，通过反冲洗排水管排入排水道；过滤时，则接受来自进水管的待处理水，起到为滤池配水的作用。布置形式视滤池面积大小而定，一般情况下沿池壁一边布置。

（2）工作方式

普通快滤池的工作方式分为过滤和反冲洗两个过程。

① 过滤

待处理水从进水干管，经过集水渠，进入滤池。水经过滤料层后，将水中的悬浮杂质截留在滤层内，使水成为洁净的过滤水。过滤水经由级配卵石组成的承托层、配水支管，汇集到配水干管。最后，经清水总管排出。在过滤阶段，原水流经滤床时，由于滤层阻力不断增大，滤速将相应减小，为了保持一定的滤速，应设置流量调节装置，以保持滤池进水量与出水量平衡。

② 反冲洗

反冲洗的目的是清除截留在滤料孔隙中的悬浮物，恢复其过滤能力。反冲洗时，先关闭进水管道上的进水阀，反冲洗水经配水系统的干管、支管，自下而上高速流过承托层和滤料层，滤料在上升水流的冲刷作用下，悬浮起来并逐步膨胀到一定高度，滤料间不断摩擦碰撞，将大部分杂质和淤泥冲洗下来，随冲洗水一并进入排水槽。冲洗强度一般控制在 $10 \sim 15 L/(s \cdot m^2)$ 之间。

(3) 设计计算

① 滤池面积

用于给水和清净废水处理时，滤速可采用5~12m/h；用于工业废水处理时，单层滤料粗砂快滤池的滤速一般在3.7~37m/h之间；双层滤料滤池的滤速在4.8~24m/h之间；三层滤料滤池的滤速一般与双层滤料滤池的相同。滤池面积按下式计算：

$$F=\frac{Q}{vT} \tag{3-19}$$

式中 F——滤池总面积，m^2；

Q——设计水量，m^3/d；

v——滤速，m/h；

T——滤池的实际工作时间，h。

② 滤池个数及尺寸

滤池的个数一般应通过技术经济比较来确定，但不应少于2个，每个滤池面积为：

$$f=F/N \tag{3-20}$$

式中 f——单个滤池面积，m^2；

N——滤池的个数。

单个滤池面积不大于30m^2，长宽比一般为1∶1；当单个滤池面积不小于30m^2时，长宽比为(1.25∶1)~(1.5∶1)。当采用旋转式表面冲洗措施时，长宽比为1∶1、2：1或3∶1。

③ 滤池深度

普通快滤池深度包括1500~2000mm左右的承托层、700~800mm的滤层、300~400mm的保护高度，在3000~3600mm之间。对于多层滤料滤池，深度一般在3500~4000mm之间。

④ 管廊管线

管廊的作用是把各格滤池的进出水管渠集中布置在一起。双排对称布置的滤池，管廊宽度一般在8.0~10.0m之间。单排布置的滤池，其管廊宽度可适当减少。管廊内各管线的尺寸主要由设计流速决定。一般的，浑水进水管(渠)、清水出水管(渠)、反冲洗进水管(渠)和反冲洗排水管(渠)内的水流流速可分别控制在0.8~1.0m/s、1.0~1.5m/s、2.0~2.5m/s、1.0~1.5m/s之间。若采用渠道输水，其流速可适当放小。

⑤ 配水系统

普通快滤池多采用大阻力配水系统。系统由干管和支管组成。干管进水口处的流速一般在1.0~1.5m/s之间，支管起端流速一般在1.5~2.0m/s之间，支管上孔眼的出口流速一般在5~6m/s之间。布置时支管间距控制在0.20~0.30m，支管长度与支管直径之比不大于60。支管上的孔眼直径取9~12mm，与垂线呈45°向下交错排列，其个数和间距由开孔比确定。

⑥ 排水渠和冲洗排水槽

排水渠一般设计成矩形，起端水深可按下式计算：

$$H_q = \sqrt{3}\sqrt[3]{\frac{Q'^2}{gB^2}} \tag{3-21}$$

式中　Q'——滤池冲洗流量，m^3/s；

B——渠道宽度，m。

g——重力加速度，$9.81m/s^2$。

为使排水顺畅，排水渠起端水面需低于冲洗排水槽底100~200mm，渠底的高度则由排水槽槽底高度和排水渠起端水深决定。

冲洗排水槽在水平面上的总面积一般不大于滤池面积的25%，以免冲洗时，槽与槽之间水流上升速度会过分增大，以致上升水流均匀性受到影响。槽与槽中心间距一般为1.5~2.0m。间距过大，从离开槽口最远一点和最近一点流入排水槽的流线相差过远，也会影响排水均匀性。冲洗排水槽高度要适当。槽口太高，废水排除不净；槽口太低，会使滤料流失。槽顶距滤层砂面的高度(H_e)可由下式计算：

$$H_e = eH_2 + 2.5x + \delta + 0.07 \tag{3-22}$$

式中　H_2——滤层的厚度，m；

e——冲洗时滤层的膨胀度，一般取40%~50%；

x——冲洗排水槽的断面模数；

δ——排水槽槽底厚度，一般取0.05m；

0.07——冲洗排水槽的超高，m。

3.3.2　压力滤池

压力滤池又称机械过滤器，是一种压力式快速过滤设备，采用单层滤料、下向流设计，能去除细小的胶体颗粒和悬浮物，过滤出水浊度可降至1NTU左右。压力滤池的结构如图3-17所示，包括滤料及进水和配水系统。容器外设置各种管道和阀门，在压力下进行过滤。待处理水由泵直接打入，滤后水可借助池内压力直接送到用水装置或后需处理单元。其配水系统常用阻力较小的缝隙式滤头，滤层厚度一般在1.0~1.2m。压力滤池允许的水头损失可达5~6m。为提高反冲洗过程中滤料的清洗效果，可以考虑采用压缩空气辅助清洗。

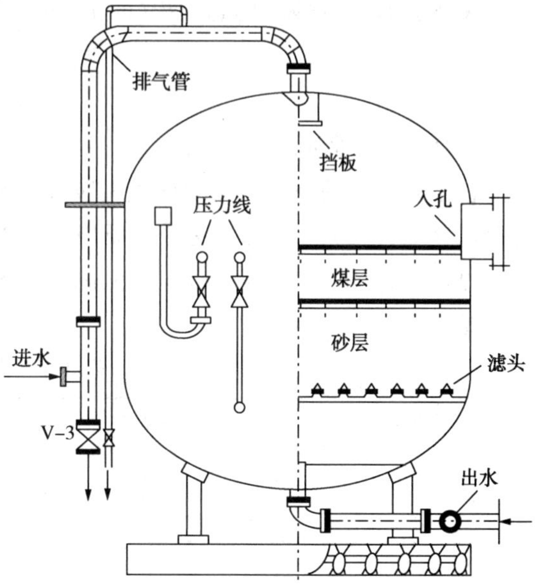

图3-17　压力滤池

依据使用方式不同，压力滤池可分为竖式和卧式两种。竖式滤池有现成的产品，直径一般不超过3m。卧式滤池的直径一般不超过3m。但长度可达10m，压力滤池的特点是可省去清水泵站，运行管理比较方便。同时，由于装卸、移动方便，占地面积小，又有定型产品，可缩短建设周期，在工业水处理以及临时性给水水质净化工程中使用均较广。

（1）设计参数

压力滤池的进水浊度，单层滤料时宜控制在20mg/L以内，双层滤料时在100mg/L以内。冲洗前的水头损失不宜超过5~6mH_2O。单层滤料时的冲洗强度一般在15L/(m^2·s)左右，冲洗时间10min；双层滤料时需适当提高冲洗强度，可取18L/(m^2·s)。当用压缩空气辅助冲洗时，空气压力取0.098MPa，冲洗强度20L/(m^2·s)，冲洗时间3min。当压力滤池内水气较多，应设排气阀、检查口，底部设排水阀及压力计。

（2）设计计算

压力滤池国家已有标准图和定型产品。选用时主要根据处理水量和滤速算出所需过滤面积，确定滤池个数后即可算出每个滤池的直径，然后选定型产品即可。工作周期、滤料级配、冲洗时滤料膨胀率等，可参考普通快滤池采用。对圆形滤池中的穿孔管式大阻力配水系统，为使水流分布的不均匀率在5%以内，配水孔眼的阻力可用下式计算：

$$h=0.25+3.0\frac{v_1^2}{2g}+18\frac{v_2^2}{2g}-9.0\frac{v_3^2}{2g} \tag{3-23}$$

式中 h——水通过配水孔眼的水头损失，mH_2O；

v_1——配水干管进口处的流速，m/s；

v_2——最长的配水支管起点处流速，m/s；

v_3——最短的配水支管起点处流速，m/s；

g——重力加速度，9.81m/s^2。

配水孔眼(或缝隙)的总面积(m^2)，可按照下式计算：

$$f_1=\frac{Q'}{0.7\sqrt{gh}} \tag{3-24}$$

式中 Q——滤池冲洗水量，m^3/s。

【例3-3】某滤池采用圆形管式大阻力配水系统，其支管排布如图3-18所示，每一支管的孔眼数分配见表3-6，支管按等距离开孔。已知滤池内壁滤池冲洗水量$Q'=450m^3/h=0.125m^3/s$，配水干管内径D=255mm，配水支管排数N=4排，配水支管内径d=82mm。求孔眼直径。

表3-6 支管孔眼数

支管排序	孔眼数	支管排序	孔眼数
1	42	5	31
2	41	6	27
3	40	7	20
4	35		

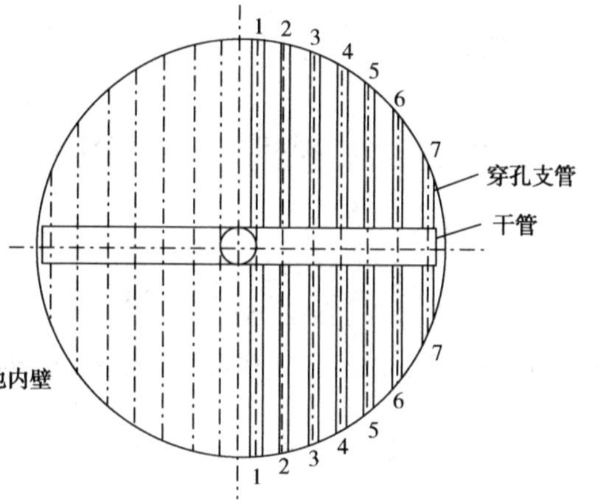

图 3-18　圆形管式大阻力配水系统平面

【解】

① 孔眼总数：

$$n=944\text{ 个}$$

② 支管横截面积：

$$\omega=\frac{\pi}{4}d^2=0.785\times0.082^2=0.00582\text{m}^2$$

③ 单孔出流量：

$$q_1=\frac{Q'}{n}=\frac{0.125}{944}=0.000132\ \text{m}^3/\text{s}$$

④ 每一支管流量：

$$q_{单}=q_1n_1=0.000132n_1\quad \text{m}^3/\text{s}(n_1\text{为该支管上孔数})$$

⑤ 每一支管始端流速：

$$v'_1=\frac{q_{单}}{\omega}=\frac{q_{单}}{0.00528}=189.4\ q_{单}\text{m/s}$$

各支管的流量 $q_{单}$及其始端流速 v_1的计算结果，列于表 3-7。

表 3-7　支管孔眼数及其始端流速

支管排序	孔眼数 n_1	支管流量(m³/s) $q_{单}=0.000132n_1$	支管始端流速(m/s) $v'_1=189.4q_{单}$
1	42	0.00554	1.05
2	41	0.00541	1.02
3	40	0.00528	1.00
4	35	0.00462	0.88
5	31	0.00409	0.77
6	27	0.00356	0.67
7	20	0.00264	0.50
总数 7×4=28	236×4=944	0.0311×4=0.124	

⑥ 孔眼水头损失：

干管横截面积

$$\Omega=\frac{\pi}{4}D^2=0.785\times0.225^2=0.051\text{m}^2$$

干管始端流速(进水管接于干管中部)

$$v_1=\frac{Q'}{2\Omega}=\frac{0.125}{2\times0.051}=1.23\text{m/s}$$

由表 3-7 可知，最长支管起点处流速 $v_2=1.05\text{m/s}$，最短支管起点处流速 $v_3=0.5\text{m/s}$，故：

$$h=0.25+3.0\frac{v_1^2}{2g}+18\frac{v_2^2}{2g}-9.0\frac{v_3^2}{2g}$$

$$=0.25+3.0\frac{1.23^2}{19.6}+\frac{1.05^2}{19.6}-\frac{0.5^2}{19.6}=1.4\text{mH}_2\text{O}$$

⑦ 孔眼总面积 f：

$$f_1=\frac{Q'}{0.7\sqrt{2gh}}$$

$$=\frac{0.125}{0.7\times\sqrt{19.6\times1.4}}=0.034\text{m}^2$$

⑧ 单孔面积：

$$\omega_a=\frac{f_1}{n}=\frac{0.034}{944}=36\times10^{-6}\text{m}^2=36\text{mm}^2$$

孔眼直径：

$$d_a=\sqrt{\frac{4\omega_a}{\pi}}=\sqrt{\frac{4\times36}{3.14}}\approx7\text{mm}$$

3.3.3 纤维滤池

纤维滤池中的填料主要为长纤维。这些纤维多为有机高分子材料，直径在 50μm 左右，长度超过 1m，纤维下端固定在出水孔板上，上端固定在构件上，纤维装填孔隙率在 90%左右(图 3-19)，上端固定构件可上下移动。当水流自上而下通过纤维层时，在水头阻力作用下，纤维承受向下的纵向压力，且随着深度的增加纤维所受的压力也增大。由于纤维层所受的纵向压力沿水流方向依次递增，所以纤维层沿水流方向被压缩弯曲的程度也依次增大，滤层的孔隙率沿水流方向逐渐减小，这样就达到了理想床层状态。

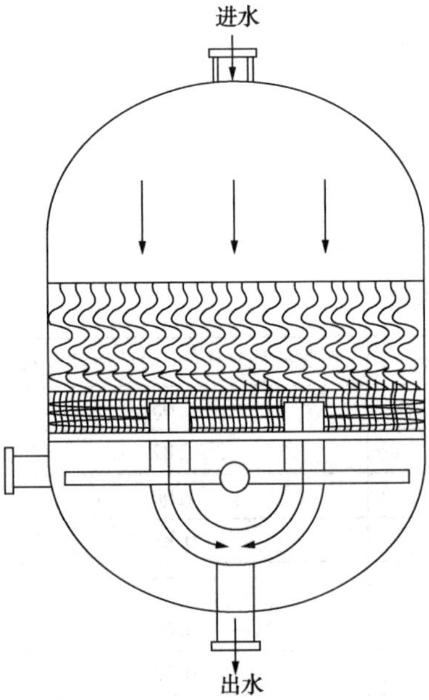

图 3-19　纤维滤池

纤维滤池常做成压力式的。由于纤维过滤池中滤料的孔隙率高，含污能力强，允许滤池以很高的滤速运行，滤速最高可达 50m/h。当系统的进水浊度在 20NTU 以下时，滤层含污能力可达 $15kg/m^2$。滤层堵塞后，需及时进行反冲洗。反冲洗时，纤维滤层向上伸展膨胀，需用水与空气联合冲洗，才能将纤维滤层的积泥冲洗干净。目前，纤维滤池在火力发电系统的净水站中应用较多。

3.3.4 连续过滤滤池

连续过滤滤池无单独的反冲洗阶段。以池内进行滤料清洗的连续过滤滤池为例(图 3-20)，其工作过程如下：原水经进水管流入滤池，再经中心进水管向下由布水管分布到滤层中，并由下向上通过滤层。此时，原水中的污染物被滤料截留，滤后水由池顶集水槽收集，并经出水管排出。滤池的中心位置有一个气提输砂管。通过向输砂管下部送入压缩空气，形成气水混合液。由于气水混合空液密度比水小，在周围水压的作用下经输砂管由下而上高速流动，并在输砂管下端形成负压区，将周围水和滤料带入输砂管。被污染的滤料在输砂管内高速流动，相互碰撞，可剥离其表面大部分污物；气、水和滤料在输砂管上部出口处分离，污物随冲洗水流出池外，滤料则向下沉降进入清洗管。冲洗水排水堰顶部标高比滤后水的出水堰略低，使一部分清水由下向上经清水管流动，同时从输砂管分离出来的滤砂在清水管中与清水逆向流动，从而得到进一步清洗，清洗后的滤料落至滤层顶部，参与过滤过程。过滤过程中，由于滤层下部的滤料不断被气提输砂管吸走，滤层逐渐下移，经过一定时间，整个滤层的滤粉清洗过程的同步进行，冲洗水排水堰顶部标高比滤后水的出水堰略低，使一部分清水由下向上经清水管流动，同时从输砂管分离出来的滤砂在清水管中与清水逆向流动，从而得到进一步清洗，清洗后的滤料落至滤层顶部，参与过滤过程。过滤过程中，由于滤层下部的滤料不断被气提输砂管吸走，滤层逐渐下移，经过一定时间，整个滤层的滤料可被循环清洗一遍，实现过滤与滤料清洗过程的同步进行。

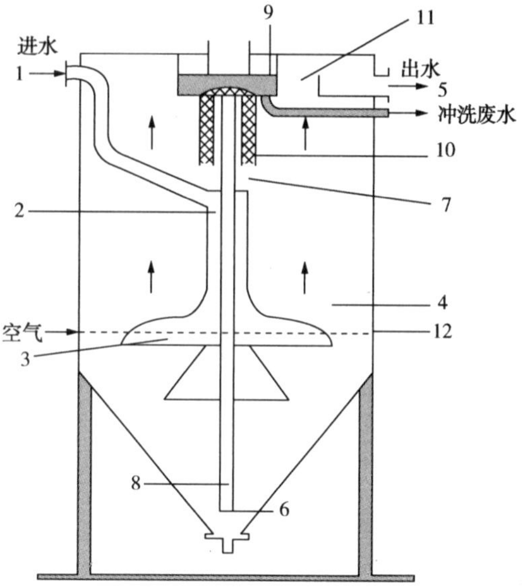

图 3-20 连续过滤滤池

1—原水进水；2—中心水管；3—进水布水器；4—滤床；5—滤后出水；6—脏砂；7—清洗后清洁砂；8—气提输砂管；9—冲洗废水；10—滤砂清洗管；11—滤后清水；12—补水管

连续过滤滤池由于在过滤过程中滤床不断下移，对过滤出水水质会有一定程度的影响。因此，连续过滤滤池的出水水质不如普通快滤池和压力滤池好，但无需定期进行反冲洗，操作简单，故可用于对水质要求较低的工业水处理过程，也可用于预处理。当原水中的有机物和氨氮含量较高时，连续过滤滤池的滤料表面会附着生物膜，能够在一定程度上降解水中有机物和氨氮，可作为生物滤池使用。此时，需向池中进行适量曝气。除池内进行循环清洗的滤池形式外，有的连续过滤滤池将滤料的循环清洗设于池外，有的则使滤料的循环清洗间歇进行等，构造与工作方式多种多样。

思考题与习题

1. 加压溶气气浮的常见工艺流程有几种，各有什么特点。

2. 拟采用平流式部分回流压力溶气气浮法处理某造纸工业废水，设计处理水量(包括回流水量)为 $Q=4000\text{m}^3/\text{d}$。设：气浮区水平流速 $v=5\text{mm/s}$；絮体载气浮升分离速度 $u=2.5\text{mm/s}$；溶气水量回流比 $a=10\%$；原水温度 $T=0\sim22$℃。试进行气浮池设计计算。

3. 某工厂最高时排水量 $Q_{max}=150\text{L/s}$，无污水试验资料，试根据经验选用设计参数计算竖流式沉淀池尺寸。

4. 简述普通快滤池的主要构造和功能。

第 4 章　工业水的化学处理技术

污水的化学处理是利用化学反应的作用以去除水中的杂质。它的处理对象主要是污水中的无机的或有机的(难于生物降解的)溶解物质或胶体物质。对于污水中的容易生物降解的有机溶解物质或胶体物质，尤其是当水量较大时，一般都采用生物处理的方法。因为生物处理法不仅有效，而且处理费用低廉。本章介绍的化学处理法有中和法、化学沉淀法和氧化还原法。

4.1　中和法

酸和碱是常用的工业原料。使用酸、碱的工厂往往有酸性废水和碱性废水排放。因为天然水的碱度是重碳酸盐(HCO_3^-)，有一定的缓冲作用。少量的酸、碱废水混入大量的城市污水，不致使后者的 pH 值偏离 7 过大。但是，酸性废水会腐蚀管道破坏环境，不能允许它进入城市排水管道。至于以酸或碱作为洗涤剂的生产工序，产生的大量废水需要处理则是不言而喻的。

对于酸性和碱性废水，除予以利用外，常用的就是中和法处理。中和法的原理是：用酸或碱性物质中和酸性废水或用酸或酸性物质中和碱性废水，把废水的 pH 值调到 7 左右。

如果同一工厂或相邻工厂同时有酸性或碱性废水，可以先让两种废水相互中和，然后再用中和剂中和剩余的酸或碱。

中和剂制成溶液或浆料时，可用湿投加法。中和剂为粒料或块料时，可用过滤法。用烟道气中和碱性废水时，可在塔式反应器中和。常用的碱性中和剂有石灰、电石渣、石灰石和白云石等。常用的酸性中和剂有废酸、粗制酸和烟道气等。

4.1.1　湿投加法

酸性废水投药中和法常用的药剂是石灰、电石渣、石灰石和白云石等，有时也采用苛性纳和碳酸钠。

中和药剂的投加量，可按化学反应式进行估算。实际操作中通常是通过试验来确定。例如碱性药剂的用量 G 可按下式计算：

$$G=(K/p)(Qc_1a_1+Qc_2a_2) \tag{4-1}$$

式中　Q——废水流量，m^3/d；

c_1——废水含酸量，kg/m^3；

a_1——中和 1kg 酸所需的碱性药剂；

a_2——中和 1kg 酸性盐类所需的碱性药剂；

c_2——废水中需中和的酸性盐类量，kg/m^3；

K——考虑部分药剂不能完全参加反应的加大系数，用石灰湿投时，K 取 1.05~1.10；

p——药制的有效成分含量，一般生石灰含量为 CaO 60%~80%，熟石灰含量 $Ca(OH)_2$ 65%~75%，电石渣含量为 CaO 60%~70%。

石灰常使用熟石灰，配制成石灰乳液，浓度在 10%左右，反应在池中进行。流程如图 4-1(a)所示。图 4-1(b)为投配器。

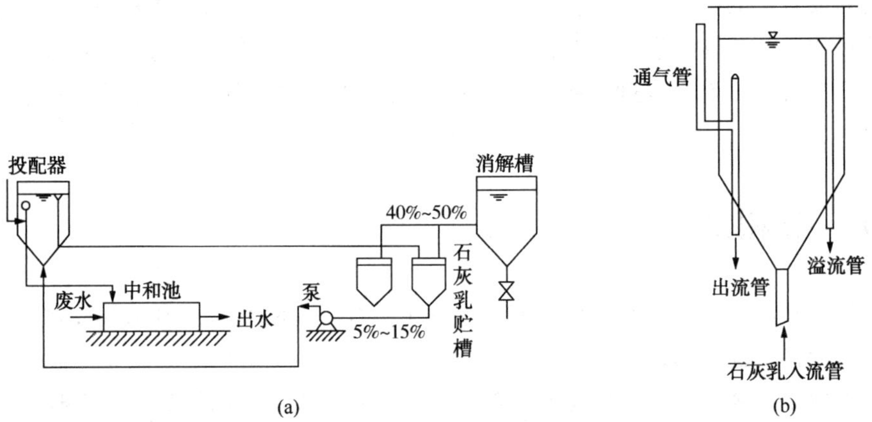

图 4-1　投加中和法流程示意图

石灰用量多时，可用生石灰，采用如图 4-2 所示的系统配制石灰乳。为了防止产生沉淀，石灰乳槽均装有搅拌设备。

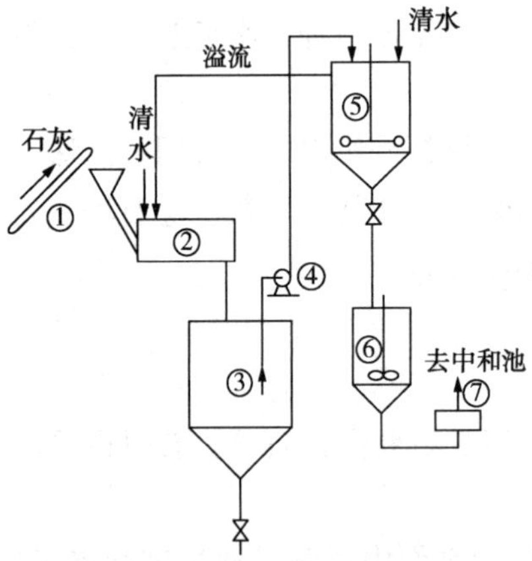

图 4-2　大量石灰乳配制系统

①—石灰输送带；②—石灰消解机；
③—石灰乳配制槽；④—石灰乳泵；
⑤—石灰乳贮槽；⑥—石灰乳槽；
⑦—加药泵

中和反应较快，废水与药剂边混合边中和，可用隔板构成狭道或用搅拌机械混合药剂和废水。水力停留时间采用 5~20min。

中和池可间歇运行也可连续运行。当废水量少、废水间断产生时采用间歇运行合理。设置 2 个池子，交替工作。当废水量大时，一般用连续处理。

4.1.2　过滤法

用石灰石或白云石作中和剂时，常用过滤法，而将它们作为滤料。

石灰石的主要成分是 $CaCO_3$，白云石的主要成分是 $CaCO_3 \cdot MgCO_3$。若废水含硫酸而浓度又较高时，滤料将因表面形成硫酸钙外壳而失去中和作用。因此，以石灰石为滤料时，废水的硫酸浓度一般不应超过 1~2g/L。如硫酸浓度过高，可以回流出水，予以稀释。

采用升流式膨胀滤池，可以改善硫酸废水的中和过滤过程。当滤料的粒径较细(<3mm)，废水上升滤速较高(50~70m/h)时，滤床膨胀，滤料相互碰撞摩水，有助于防止结壳。某厂用这种滤池处理酸度低于2.2~2.3g/L的硫酸废水，所用滤池的直径为1.2m，深度为2.9m；石灰石滤床高1~1.2m，膨胀后高1.4~1.8m。废水从池底进入，从池顶四周溢出，流速为50~55m/h。出水pH值接近4.5，曝气后因CO_2逸出，pH值上升到6以上，达到了中和目的。

滤池常采用大阻力配水系统，直径一般不大于1.5~2.0m。图4-3是升流式膨胀中和滤池的示意图。

用烟道气中和碱性废水时，常用塔式反应器，如喷淋塔(图4-4)。烟道气含有CO_2和少量的SO_2、H_2S，可用以中和碱性废水。碱性废水从塔顶布液器喷出，流向填料床，烟道气则自塔底进入填料床。水、气在填料床逆向接触过程中，废水和烟道气都得到了净化，废水得到中和，烟尘得以消除。有资料表明，含12%~14% CO_2的烟道气与硫化物含量为30mg/L、pH值为11的印染厂硫化染料废水在喷淋塔接触20min，废水的pH值可降至6.4，硫化物去除率达98%。但用烟道气中和一般的碱性废水，出水的pH值虽不高，但硫化物、耗氧量和色度都有显著增加。

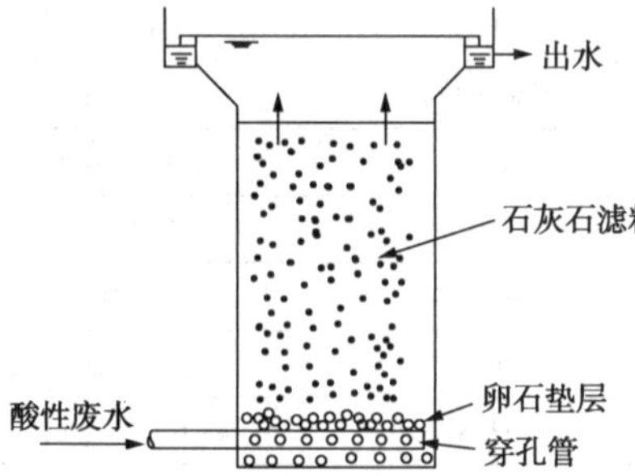

图4-3　升流式膨胀中和滤池

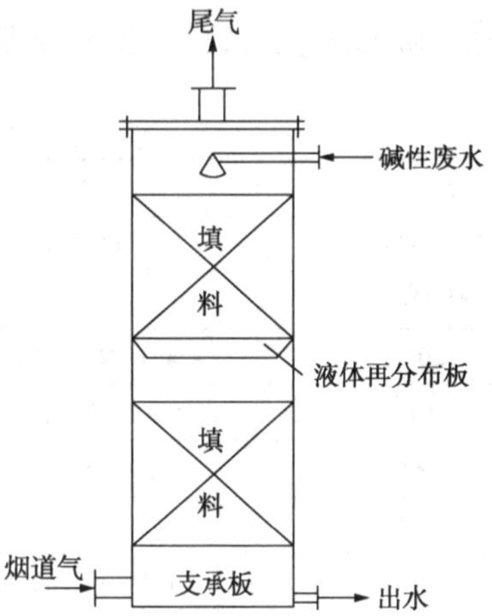

图4-4　喷淋塔

4.2　化学沉淀法

化学沉淀法是指向水中投加某些化学药剂，使之与溶解态的污染物发生化学反应，把难溶于水的盐沉淀下来，从而降低水中这些污染物的含量。依据普通化学理论可知，水中的难溶盐服从溶度积原则，即在一定温度下，在含有难溶盐M_mN_n的饱和溶液中，各种离子浓度的乘积为一常数，记为$L_{M_mN_n}$：

$$M_mN_n = m\,M^{n+} + n\,N^{m-} \quad (4-2)$$

$$L_{M_mN_n} = [M^{n+}]^m[N^{m-}]^n \quad (4-3)$$

式中 M^{n+}——金属阳离子；

N^{m-}——阴离子；

[ ]——物质的量浓度，mol/L。

当 $L_{M_mN_n}<[M^{n+}]^m[N^{m-}]^n$ 时，溶液呈过饱和状态，会有难溶盐沉淀析出，直到符合 $L_{M_mN_n}=[M^{n+}]^m[N^{m-}]^n$ 为止；如果 $L_{M_mN_n}>[M^{n+}]^m[N^{m-}]^n$，溶液不饱和，难溶性盐可继续溶解，直到符合 $L_{M_mN_n}=[M^{n+}]^m[N^{m-}]^n$ 为止。为去除 M^{n+} 离子，可以向水中投加含 N^{m-} 离子的化合物，使得 $L_{M_mN_n}<[M^{n+}]^m[N^{m-}]^n$，形成 M_mN_n 沉淀。通常称具有这种作用的物质为沉淀剂。为最大限度地使 $[M^{n+}]^m$ 值降低，可以考虑增大 $[N^{m-}]^n$ 值，即增大沉淀剂用量；但是沉淀剂的用量也不宜过高，否则会对反应造成抑制，一般不超过理论用量的20%~50%。

水中特定离子是否可以采用化学沉淀法去除，首先取决于能否找到合适的沉淀剂，沉淀剂的选择可参考反应产物的溶度积，见表4-1。一般情况，天然水和企业排水中的重金属（如汞、镉、铅、锌、镍、铬、铁、铜等）、碱土金属（如钙和镁）及某些非金属（如砷、氟、硫、硼）均可通过化学沉淀法去除，部分有机污染物亦可通过化学沉淀法去除。具体工艺过程为，投加沉淀剂与水中污染物反应并生成难溶的沉淀物，而后通过凝聚、沉降、气浮、过滤和离心等方法进行固液分离。同时，考虑泥渣的处理和回收利用。

表4-1 溶度积简表

化合物	溶度积	化合物	溶度积
$Al(OH)_3$	11.1×10^{-15}(18℃)	$Fe(OH)_2$	1.64×10^{-14}(18℃)
$AlPO_4$		$Fe(OH)_3$	1.1×10^{-36}(18℃)
AgBr	4.1×10^{-13}(18℃)	FeS	3.7×10^{-19}(18℃)
AgCl	1.56×10^{-10}(25℃)	$HgBr_2$	1.3×10^{-21}(25℃)
Ag_2CO_3	6.15×10^{-12}(25℃)	$HgCl_2$	2×10^{-18}(25℃)
Ag_2CrO_4	1.2×10^{-12}(25℃)	HgI_2	1.2×10^{-28}(25℃)
Ag	1.5×10^{-16}(25℃)	HgS	$4\times10^{-53}\sim2\times10^{-49}$(18℃)
Ag_2S	1.6×10^{-49}(18℃)	$MgCO_3$	2.6×10^{-5}(12℃)
$BaCO_3$	7×10^{-9}(16℃)	MgF_2	7.1×10^{-9}(18℃)
$BaCrO_4$	1.6×10^{-10}(18℃)	$Mg(OH)_2$	1.2×10^{-11}(18℃)
$BaSO_4$	0.87×10^{-10}(18℃)	$Mn(OH)_2$	4×10^{-14}(18℃)
$CaCO_3$	0.99×10^{-8}(15℃)	MnS	1.4×10^{-15}(18℃)
$CaSO_4$	2.45×10^{-5}(25℃)	$PbCO_3$	3.3×10^{-14}(18℃)
CdS	3.6×10^{-29}(18℃)	$PbCrO_4$	1.77×10^{-14}(18℃)

根据沉淀剂的不同，化学沉淀法可以分为氢氧化物沉淀法、硫化物沉淀法、碳酸盐沉淀法、卤化物沉淀法和钡盐沉淀法等。常用化学沉淀技术介绍如下。

4.2.1 氢氧化物沉淀法

除碱金属和部分碱土金属外，金属的氢氧化物大都是难溶的。因此，可用氢氧化物沉淀法去除水中的重金属离子。沉淀剂为各种碱性药剂，常用的有石灰、碳酸钠、苛性钠、石灰石和白云石等。

对一定浓度的某种金属离子 M^{n+} 来说，是否生成难溶的氢氧化物沉淀，取决于溶液中 OH^- 离子的浓度，即溶液的 pH 值是形成氢氧化物沉淀的重要条件。若 M^{n+} 与 OH^- 只生成 $M(OH)_n$，沉淀，而不生成可溶性羟基络合物，则根据金属氢氧化物的溶度积 K_{sp}，及水的离子积 K_w，可以计算使氢氧化物沉淀的 pH 值：

$$pH = 14 - \frac{1}{n}(\lg[M^{n+}] - \lg K_{sp}) \tag{4-4}$$

上式表示与氢氧化物沉淀共存的金属离子浓度和溶液 pH 值的关系，可知金属离子的存在状态与溶液 pH 值环境线性相关。金属离子浓度 $[M^{n+}]$ 相同时，溶度积 K_{sp}，愈小，则开始析出氢氧化物沉淀的 pH 值愈低。同一金属离子，浓度愈大，开始析出沉淀的 pH 值愈低。根据各种金属氢氧化物的 K_{sp}，值，可计算出某一 pH 值时溶液中金属离子的饱和浓度。以 pH 值为横坐标，以 $-\lg[M^{n+}]$ 为纵坐标，可绘出 $-\lg[M^{n+}]$-pH 曲线并确定金属氢氧化物沉淀的形成条件。

若重金属和氢氧根不仅可以生成氢氧化物沉淀，还可以形成可溶性的羟基络合物(对于重金属离子，这是十分常见的现象)，这时与金属氢氧化物共存的溶液中，不仅有游离的金属离子，而且还有处于不同配位程度的羟基络合物。在这种情况下，就需要考虑羟基络合物的溶解平衡反应。

此外，有些金属元素如 Zn、Pb、Cr 和 Al 等的氢氧化物为两性化合物。如 pH 值过高，它们会重新溶解。以锌为例，pH 值升高时，络合阴离子的增多将使氢氧化锌的溶解度上升。因此，采取氢氧化物沉淀法去除水中的锌离子时，pH 值过高或过低都会导致处理失败。氢氧化物沉淀法处理含重金属水常用的沉淀剂是石灰。石灰沉淀法的优点是：去除污染物范围广，不仅可沉淀去除重金属，而且可沉淀去除砷、氟、磷等；来源广、价格低；操作简便、处理可靠且不产生二次污染。缺点是卫生条件差，易结垢堵塞管道，泥渣体积庞大，脱水困难。

石灰沉淀工艺有分步沉淀和一次沉淀两种。分步沉淀分段投加石灰乳，利用不同金属氢氧化物在不同 pH 值下沉淀析出的特性，依次沉淀回收各种金属氢氧化物。一次沉淀法是一次投加石灰乳达到高 pH 值，使水中各种金属离子同时以氢氧化物沉淀析出。投加石灰一般适用于不准备回收的低浓度的工业水处理。

4.2.2 硫化物沉淀法

硫化物沉淀法是向待处理水中加入硫化氢、硫化铵或碱金属的硫化物，使污染物质生成难溶性沉淀，以达到分离纯化的目的。由于大多数过渡金属的硫化物都难溶于水，而且形成沉淀的 pH 值范围较宽，所以硫化物沉淀法可以使重金属离子得到较完全的去除。溶液中 S 离子浓度受 H 离子浓度的制约，可以通过控制酸度，用硫化物沉淀法把溶液中不同金属离子分步沉淀而分离回收。

在金属硫化物沉淀的饱和溶液中，存在下列关系：

$$MS_{(S)} = M^{2+} + S^{2-} \tag{4-5}$$

$$[M^{2+}] = \frac{L_{MS}}{[S^{2-}]}$$

值得注意的是，S^{2-}和 OH^-离子一样，能够与许多金属离子形成络合阴离子，使金属硫化物的溶解度增大，不利于重金属的沉淀去除。因此，必须控制沉淀剂的投量，不宜过量太多。其他配位体如卤离子、CN^-、SCN^-等也能与重金属形成各种可溶性络合物，应通过预处理除去。

以硫化氢为沉淀剂时，硫化氢在水中分两步离解：

$$H_2S = H^+ + HS^- \tag{4-6}$$

$$HS^- = H^+ + S^{2-} \tag{4-7}$$

离解常数分别为：

$$K_1 = \frac{[H^+][HS^-]}{[H_2S]} = 9.1 \times 10^{-8} \tag{4-8}$$

$$K_2 = \frac{[H^+][S^{2-}]}{[HS^-]} = 1.2 \times 10^{-5} \tag{4-9}$$

将以上两式相乘得到：

$$\frac{[H^+]^2[S^{2-}]}{[H_2S]} = 1.1 \times 10^{-22} \tag{4-10}$$

$$[S^{2-}] = \frac{1.1 \times 10^{-22}[H_2S]}{[H^+]^2} \tag{4-11}$$

$$[M^{2+}] = \frac{L_{MS}[H^+]^2}{1.1 \times 10^{-22}[H_2S]} \tag{4-12}$$

在 1atm、5℃条件下，硫化氢在水中的饱和浓度约为 0.1mol/L（$pH<6$），$[H_2S] = 1\times 10^{-1}$代入得：

$$[M^{2+}] = \frac{L_{MS}[H^+]^2}{1.1 \times 10^{-23}} \tag{4-13}$$

由上可知，重金属离子的浓度和 pH 值有关，随着 pH 值增加而降低。

虽然硫化物沉淀法处理含重金属水，具有去除率高、可分步沉淀、泥渣中重金属含量高、适应 pH 值范围宽等优点。但该法处理费用较高，硫化物沉淀困难，常常需要投加混凝剂以强化固液分离效果。此外，当水体酸性增加时，可产生硫化氢气体污染大气，限制了其推广应用。

4.2.3 碳酸盐沉淀法

碱土金属(Ca、Mg 等)和重金属(Mn、Fe、Co、Ni、Cu、Zn、Ag、Cd、Pb、Hg、Bi 等)的碳酸盐溶解度均较小，可用碳酸盐沉淀法将这些金属离子从水中去除。对于不同的处理对象，碳酸盐沉淀法有不同的应用方式。

(1) 投加难溶碳酸盐(如碳酸钙)，利用沉淀转化原理，使水中重金属离子(如 Pb^{2+}、Cd^{2+}、Zn^{2+}、Ni^{2+}等)生成溶解度更小的碳酸盐而析出。

(2) 投加可溶性碳酸盐(如碳酸钠)，使水中金属离子生成难溶碳酸盐而沉淀析出。

(3) 投加石灰，可造成水中碳酸盐硬度的 $Ca(HCO_3)_2$和 $Mg(HCO_3)_2$，生成难溶的碳酸钙和氢氧化镁而沉淀析出。

例如，处理含锌水，投加碳酸钠与之反应，生成碳酸锌沉淀。沉淀用清水漂洗后，再经真空抽滤筒抽干，可以回收或回用生产；处理含铜水，可以采用碳酸盐沉淀法进行回收；处理含铅水时，对于沉淀下来的废渣，需要送至固体废弃物处理中心或在本单位进行无害化处理，以避免造成二次污染。

4.2.4 卤化物沉淀法

该法主要用于处理或回收水中的银以及氟离子。氯化物的溶解度都很大，唯一例外的是氯化银($K_{sp}=1.8\times10^{-10}$)。利用这一特点，可以处理和回收水中的银。水中的银离子主要来源于镀银和照相工艺。氰化银镀槽中的银含量高达 13~45g/L。处理时，一般先用电解法回收，将其浓度降至 100~500mg/L，然后再用氯化物沉淀法处理。当水中含有多种金属离子时，可调 pH 值至碱性，同时投加氯化物，可形成氢氧化物和氯化银共沉淀。用酸洗沉渣，将金属氢氧化物沉淀溶出，仅剩氯化银。这样可以分离和回收水中的银。采用该法可将水中的银离子含量降至 0.1mg/L 左右。

此外，镀银工艺排水中含有一定量的氰，它会和银离子形成$[Ag(CN)_2]^-$络离子，对沉淀处理不利。一般先采用氯化法氧化氰，放出的氯离子又可以与银离子生成沉淀。根据试验资料，银和氰重量相等时，投氯量为 3.5mg/mg(氰)，氧化 10min 以后，调 pH 值至 6.5，使氰完全氧化。继续投氯化铁，以石灰调 pH 值至 8，沉淀分离后倾出上清液，可使银离子由最初 0.7~40mg/L 降至 0~8.2mg/L；氰由 159~642mg/L 降至 15~17mg/L。

当水中含有比较单纯的氟离子时，投加石灰，调 pH 值至 10~12，生成 CaF，沉淀，可使氟离子浓度降至 10~20mg/L。若水中还含有其他金属离子(如 Mg^{2+}、Fe^{3+}、Al^{3+}等)，加石灰后，除形成 CaF_2沉淀外，还形成金属氢氧化物沉淀。由于后者的吸附共沉作用，可使含氟浓度降至 8mg/L 以下。若加石灰至 pH 值=11~12，再加硫酸铝，使 pH 值=6~8，则形成氢氧化铝，可使含氟浓度降至 5mg/L 以下。如果加石灰的同时，加入磷酸盐(如过磷酸钙、磷酸氢二钠)，则与水中氟形成难溶的磷灰石沉淀：

$$3H_2PO_4^-+5Ca^{2+}+6OH^-+F^- \Longrightarrow Ca_5(PO_4)_3F+6H_2O \tag{4-14}$$

4.2.5 钡盐沉淀法

这种方法主要用于处理水中的六价铬。常用沉淀剂有碳酸钡、氯化钡、硝酸钡和氢氧化钡等。以碳酸钡为例，与铬酸根反应可生成难溶性的铬酸钡沉淀：

$$BaCO_3\downarrow + Cr_4^{2-} = BaCO_4\downarrow + CO_3^{2-} \qquad (4-15)$$

碳酸钡是一种难溶盐。在碳酸钡饱和溶液中，钡离子的浓度比铬酸钡饱和溶液中钡离子的浓度约大 6 倍。因此，对于碳酸钡为饱和溶液的钡离子浓度，相对于铬酸钡溶液为过饱和。向含有铬酸根的水中投加碳酸钡，可以同时去除钡离子与铬酸根。同时，碳酸钡逐渐溶解，直到铬酸根沉淀完全。这种由一种沉淀转化为另一种沉淀的过程称为沉淀转化。为提高除铬效果，建议投加过量的碳酸钡，反应时间保持在 20～30min，残留的钡离子可通过投加石膏去除。

4.3 氧化和还原法

在化学反应中，如果发生电子的转移，参与反应的物质所含元素将发生化合价的改变，称为氧化还原反应。失去电子的过程称氧化，失去电子的物质被氧化；得到电子的过程称还原，得到电子的物质被还原。在水处理中，可采用氧化或还原的方法改变水中某些有毒有害化合物中元素的化合价以及改变化合物分子的结构，使剧毒的化合物变为微毒或无毒的化合物，使难于生物降解的有机物转化为可以生物降解的有机物。

4.3.1 氧化法

废水处理中常用的氧化剂有氯、臭氧等，下面举例说明。

(1) 电镀废水往往含 CN^-，可加氯氧化为 N_2 和 CO_2

一般采用间歇式分批处理。处理时分两步进行。先加碱，调整 pH 值至 10 以上，同时按质量浓度的计算量($CN^-:Cl_2=1:2.7$)加氯，搅拌混合数分钟。然后调整 pH 值到 8.5，再过量按计算量($CN^-:Cl_2=1:4.1$)的 110%第二次加氯，搅拌 1h 以上完成反应，其反应式如下：

第一步：$$CN^- + 2OH^- + Cl_2 \longrightarrow CNO^- + 2Cl^- + H_2O \qquad (4-16)$$

第二步：$$2CNO^- + 4OH^- + 3Cl_2 \longrightarrow 2CO_2\uparrow + N_2\uparrow + 6Cl^- + 2H_2O \qquad (4-17)$$

(2) 对某些工业废水用臭氧进行深度处理

对某些工业废水，如炼油废水、重油裂解废水、高炉煤气洗涤水等，虽经过了某些生物方法处理，但废水中的污染物如酚、氰以及色度等仍较高，还不能达标排放或加以回用，此时可用臭氧氧化进行深度处理。某些含酚、氰废水臭氧处理效果见表 4-2。

表 4-2　某些含酚、氰废水臭氧处理效果

废水种类	处理方式	O_3投加量/(mg·L^{-1})	停留时间/min	处理方式		
				水质指标	处理前/(mg·L^{-1})	处理后/(mg·L^{-1})
炼油废水生物处理+过滤出水	微气泡接触塔 直径 800mm 高 7500mm 20~30μm 微孔钛板	35	12	COD 酚 油	70~100 0.3 5~10	<50 <0.01 <0.3
重油裂解水	填料接触塔	96.8	13	酚	0.9 0.74	0.001 0.021
		64.9	21.6	酚 氰	2.12 1.15	0.016 0.38
高炉煤气洗涤水	四级微孔鼓泡塔	30	40	酚 氰 COD	3.82 0.1 14.72	0 0.015 6.72

(3) 湿式氧化和催化湿式氧化工艺

湿式氧化(wet oxidation, WO)是在高温(125~320℃)和高压(0.5~20MPa)条件下，以氧气或空气为氧化剂，将有机污染物氧化分解为二氧化碳和水等无机物或小分子有机物。湿式氧化和催化湿式氧化(catalytic wet oxidation, CWO)通常用于不可生物降解的废水处理。有研究表明，当进水 COD 浓度大于 20g/L 时，这两种方法在能量方面可以自我维持。日本、美国和欧盟国家已成功地将湿式氧化技术用于含高浓度有机污水和污泥的处理。

湿式氧化中，一般形成的最终产物是小分子的羧酸，其中乙酸和丙酸对湿式氧化有抗性，因此它们的氧化需要借助催化剂。在 WO 工艺基础上添加适当的催化剂即成为催化湿式氧化(CWO)工艺，通过催化剂，CWO 可实现有机污染物的高效氧化降解，并大大降低反应所需的温度和压力，提高反应速度，缩短反应时间，提高氧化效率，节省能耗和设备投资，降低成本。

CWO 工艺中的催化剂主要包括过渡金属及其氧化物、复合氧化物和盐类。根据催化状态可分为均相和非均相催化剂。均相催化剂具有活性高、反应速度快等优点。但需进行后续处理，流程较复杂，易引起二次污染。非均相催化剂是以固态形式存在的，具有活性高、易分离、稳定性好等优点，因而受到普遍关注。

4.3.2　高级氧化技术

随着水污染问题的日益突出以及人们对水质要求的提高，对于那些难以生物降解或对生物有毒害作用的有机污染物的处理问题引起人们极大的重视。但是，这些污染物不仅难以生物降解，也很难用一般的氧化剂加以氧化去除。1987 年，Glaze 等提出了以自由羟基(·OH)作为主要氧化剂的高级氧化工艺(advanced oxidation processes, AOPs)。这类工艺采用两种或多种氧化剂联用发生协同效应，或者与催化剂联用，提高·OH 的生成量和生成速率，加速反应过程，提高处理效率和出水水质。

·OH 是最具有活性的氧化剂之一，在高级氧化工艺中起主要的作用。·OH 作为氧化反应的中间产物通常由以下反应产生：自由基链式反应分解水中的 O_3；光分解 H_2O_2；水合氟、硝酸盐、亚硝酸盐或溶解的水合亚铁离子；Fenton 反应或离子化辐射反应等。

（1）高级氧化工艺的特点

① 高氧化性

·OH 是一种极强的化学氧化剂。它的氧化电位要比普通氧化剂，如 Cl_2、H_2O_2和 O_3等高得多。因此，·OH 的氧化能力明显高于普通氧化剂。表 4-3 为几种氧化剂的氧化电位比较。

表 4-3　几种氧化剂的氧化电位比较

氧化剂	半反应	氧化电位/V
F_2	$F_2(g)+2H^++2e^-\longrightarrow 2HF(aq)$	3.05
·OH	$\cdot OH+H^++e^-\longrightarrow H_2O$	2.80
MnO_4^-	$HMnO_4^-+3H^++2e^-\longrightarrow MnO_2(s)+2H_2O$	2.09
O_3	$O_3+2H^++2e^-\longrightarrow 2H_2O$	2.07
H_2O_2	$H_2O_2+2H^++2e^-\longrightarrow 2H_2O_2$	1.78
HClO	$HClO+H^++2e^-\longrightarrow Cl^-+H_2O$	1.63
Cl_2	$Cl_2+2e^-\longrightarrow 2Cl^-$	1.36
O_2	$O_2(g)+2H_2O+4e^-\longrightarrow 4OH^-(aq)$	0.40

② 反应速率快

与普通化学氧化法相比，·OH 的反应速率很快。据测定，一些主要有机污染物与 O_3的反应速率常数为 0.01～1000L/(mol·s)，而·OH 与这些污染物的反应速率常数达到 10^8～10^{10}L/(mol·s)。因此，氧化反应的速率主要是由·OH 的产生速率决定。

③ 提高可生物降解性，减少三卤甲烷(trihalomethanes，THMs)和溴酸盐的生成

在高级氧化工艺中，如用 H_2O_2/UV、O_3/UV 和 γ 辐射/O_3等比单用 O_3更有效地提高污染物的可生物降解性。而且，可以避免和减少用 Cl_2氧化可能产生的 THMs 以及用 O_3氧化可能产生的溴酸盐等有害化合物。

（2）几种有代表性的高级氧化工艺

① Fenton 试剂法(H_2O_2/Fe^{2+})

Fenton 试剂由亚铁盐和过氧化氢组成，当 pH 值低时(一般要求 pH 值=3 左右)，在 Fe^{2+}的催化作用下过氧化氢就会分解产生·OH，从而引发链式反应。

有研究曾用 Fenton 试剂进行垃圾渗滤液的处理试验。试验时，控制 pH 值=3，Fe^{2+}的投加量为 0.05mol/L，H_2O_2投加量是 Fe^{2+}的 3～4 倍，可将 COD 值为 2450mg/L 的垃圾渗滤液液达到>80%的 COD 去除率。

② H_2O_2/UV 法

H_2O_2/UV 体系对有机物的去除能力比单独用 H_2O_2更强。H_2O_2在受到一定能量的紫外

光(UV)照射时可以产生·OH。有研究认为，这一工艺具有比 Fenton 试剂更佳的费用效益比。它不仅能有效地去除水中的有机污染物，而且不会造成二次污染。

Moza 等对氯代酚类化合物的处理试验表明，当光的波长>290nm 和 H_2O_2 含量为 55mg/L 时，可显著提高对 2-氯酚、2,4-二氯酚和 2,4,6-三氯酚的处理效果。

这一工艺的缺点是对 UV 的利用率低，H_2O_2 只显著吸收波长 300nm 以下的紫外线，因此摩尔吸收系数低，反应速率较慢。但这一工艺不造成二次污染，对饮用水处理仍是一种很有前途的工艺。

③ 类 Fenton 试剂法

在常规 Fenton 试剂法中引入紫外光(UV)、光能(Photo-)、超声(US)、微波(MW)、电能(Electro-)和氧气时可以提高 H_2O_2 催化分解产生·OH 的效率，显著增强 Fenton 试剂的氧化能力，节省 H_2O_2 的用量，因此提出了类 Fenton 法。

例如 UV/H_2O_2/Fe^{2+} 工艺，此工艺实际上是 H_2O_2/Fe^{2+} 法和 H_2O_2/UV 法的结合。其优点是可降低 H_2O_2 的用量。紫外光和 Fe^{2+} 对 H_2O_2 的分解具有协同作用。除 Fe^{2+} 外，Fe^{3+}、钴、镍、铜盐等也可催化 H_2O_2 生成羟基自由基(·OH)。某些非金属如石墨、活性炭都可催化 H_2O_2 的分解。但从 H_2O_2 的分解来看，Fe^{2+} 效果好。大量研究表明 UV/H_2O_2/Fe^{2+} 工艺对氯酚混合液、硝基苯、十二烷基苯磺酸、苯、氯苯的降解都十分有效。

④ UV/TiO_2 法

TiO_2 在受到大于禁带宽度的能量(约为 3.2eV)激发时，其充满的价带上的电子被激发越过禁带进入导带，同时价带上形成相应的空穴(h^+)，所产生的穴具有很强的捕获电子的能力，而导带上的光致电子 e^- 又具有很高的活性，在半导体表面形成氧化还原体系。当半导体处于溶液中时，便可产生羟基自由基(·OH)，因此 UV/TiO_2 法成为另一备受关注的高级氧化过程。

UV/TiO_2 法的缺点是对紫外光的吸收范围较窄、光能利用率低、电子-空穴复合率高、量子产率较低。为了解决这一问题，人们正在 TiO_2 改性方面进行努力。

⑤ 以 O_3 为主体的高级氧化过程

O_3 同污染物的反应机理包括 O_3 与有机物直接反应和 O_3 分解产生·OH，·OH 同有机物反应的间接反应。O_3 的直接反应具有较强的选择性，一般是破坏有机物的双键结构；间接反应一般不具有选择性。O_3 在水中生成羟基自由基(·OH)主要有以下三种途径：a. O_3 在碱性条件下分解生成·OH；b. O_3 在紫外光的作用下生成·OH；c. O_3 在金属催化剂的催化作用下生成·OH。

以 O_3 为主体的高级氧化过程有 O_3/UV 工艺、O_3/H_2O_2 工艺、O_3/H_2O_2/UV 工艺、O_3/金属催化剂工艺等。

O_3/UV 工艺在饮用水深度处理和难降解有机废水处理方面的应用具有宽广的发展前景，美国国家环境保护署将其定为处理多氯联苯最有效的技术。但由于存在建设投资大，运行费用高，应用受到一定的限制。O_3/H_2O_2 因为只需对常规氧化处理技术进行简单改造，向 O_3 反应器中加入过氧化氢即可，因此 O_3/H_2O_2 工艺是饮用水处理中应用最广的高级氧化技术。$O_3/H_2O_2/UV$ 工艺，高能量(紫外线辐射)的输入强化了·OH 的产生，诱发自由基反应。

$O_3/H_2O_2/UV$ 工艺可使挥发性有机氯化合物的去除率达到98%、几乎可使芳香族化合物完全矿化。O_3/金属催化剂工艺以固体金属、金属盐及其氧化物为催化剂，加强臭氧反应。

⑥ 电化学高级氧化

电化学高级氧化法通过有催化活性的电极反应直接或间接产生羟基自由基，有效降解难生化处理的污染物。但长期以来，受电极材料的限制，该工艺降解有机物的电流效率低、能耗高，难以实现工业化。近年来在电催化电极材料和机理方面的研究取得了较大的发展，并开始应用于难降解废水的处理。

阳极催化氧化工艺：利用有催化活性的阳极电极反应，产生羟基自由基，阳极工艺分为直接氧化和间接氧化。直接氧化主要靠阳极的氧化作用直接氧化有机物，电极的选择很重要。间接氧化是通过阳极氧化溶液中的一些基团生成强氧化剂，间接氧化废水中的有机物，达到强化降解的目的。由于间接氧化既在一定程度上发挥了阳极直接氧化的作用，又利用了产生的氧化剂，因此处理效率大为提高。阳极催化氧化工艺在工业废水(含酚废水、印染废水、化工废水)中得到较广泛的应用。

阴极还原工艺：阴极还原工艺是在适当电极电位下，通过合适阴极的还原作用产生 H_2O_2 或 Fe^{2+}，再外加合适的试剂发生类 Fenton 试剂的氧化反应，从而间接降解有机物。按照阴极还原产物的不同，分为阴极产生 H_2O_2 和阴极电解还原 Fe^{3+} 产生 Fe^{2+}。H_2O_2 的氧化电位不是很高，氧化能力受到限制。而加入 Fe^{2+} 等金属催化剂，催化 H_2O_2 产生羟基自由基，形成所谓的“电 Fenton 工艺”。与 Fenton 试剂法相比，无需投加 H_2O_2，通过控制电催化条件能精确控制 H_2O_2 的产量及有机物降解的速率，避免了 H_2O_2 运输转移过程可能产生的危害。且新生的氧化能力更强，反应速率高。但 H_2O_2 的产生量受氧气溶解量的限制，在酸性条件下电流效率较低。H_2O_2 发生的工艺目前使用的阴极材料大多为石墨、网状多孔碳电极、碳-聚四氟乙烯充氧阴极。这些阴极产生 H_2O_2 的电流效率在50%~95%，对苯酚、苯胺、氯苯、氯酚等污染物都能彻底去除，染料脱色也很明显。

阴阳两极协同催化降解工艺：通过合理的电催化反应器设计，同时利用上述阳极催化氧化工艺和阴极还原工艺中阴阳两极的作用，使得处理效率较单电极催化大大增强。Brillas 等以铁为阳极，碳-聚四氟乙烯充氧阴极为阴极，对 129mg/L 的苯胺，在温度为35℃，pH 值为 4.0 时，经 1h 的处理，总有机碳去除率可达 95%。

⑦ 光催化氧化法

半导体光催化剂经太阳光或人工光照射而吸附光能后，发生电子跃迁并生成电子-空穴对，对吸附于表面的污染物，直接进行氧化降解，或在催化剂表面形成强氧化性的自由基，并通过自由基氧化有机污染物，达到对有机物的降解或矿化。光催化剂主要有 TiO_2、ZnO、CdS、WO_3、SnO_2 等半导体材料。光催化氧化技术对难降解有机污染物有着较好的降解效果，并具有反应条件温和、能耗低、无二次污染和应用范围广等优点。然而由于光催化氧化技术普遍存在催化剂不成熟，光生电子-空穴复合过快，光催化量子效率低、处理能力小、装置复杂等问题，影响其在实际水处理中的应用与推广。

⑧ 超声氧化法

超声降解有机污染物的机理是在超声波(频率一般在 $2\times10^4\sim5\times10^8$ Hz)作用下液体发生声空化，产生空化泡，空化泡崩溃的瞬间，在空化泡内及周围极小空间范围内产生高温(1900~5200K)和高压(5×10^7 Pa)，并伴有强烈的冲击波和时速高达 400km · s^{-1} 的射流，这使泡内水蒸气发生热分解反应，产生具有强氧化能力的自由基，易挥发有机物形成蒸气直接热分解，而难挥发的有机物在空化泡气液界面上或在本体溶液中与空化产生的自由基发生氧化反应得到降解。

超声氧化法具有设备简单、易操作、无二次污染等优点，但超声氧化法存在降解效果差、超声能量转换率及利用率低、处理量小、处理费用高和处理时间长等问题。目前，超声常常作为其他氧化剂或处理技术的辅助和强化技术，形成了 US/O_3、US/H_2O_2、US/Fenton、US/UV/TiO_2、US/WAO(湿式空气氧化)等组合工艺。

高级氧化工艺能对污水中的难生物降解的以及不能生物降解的有毒有害污染物发挥显著的处理功效，这成为近年来水处理方面的研究热点。但是这些工艺的处理成本较昂贵，目前还主要应用与某些特种废水的处理。

4.3.3 还原法

废水中的有些污染物，如六价铬[Cr(Ⅵ)]毒性很大，可用还原的方法还原成毒性较小的三价铬(Cr^{3+})，再使其生成 $Cr(OH)_3$沉淀而去除。又如一些难生物降解的有机化合物(如硝基苯)，有较大的毒性并对微生物有抑制作用，且难以被氧化，但在适当条件下，可以被还原成另一种化合物(如硝基苯类、偶氮类生成苯胺类，高氯代烃类转化为低氯代烃，或彻底脱氯生成相应的烃、醇或烯)，进而改善了可生物降解性和色度。如下列举几种主要还原处理方法：

(1) 药剂还原处理

通过投加具有还原性的药剂使污染物还原、沉淀去除，或降低毒性，提高可生化性。水处理中常用的还原剂有：铁屑、锌粉、硼氢化钠硫酸亚铁、二氧化硫等。例如含铬废水的处理可以用投加 $FeSO_4$和石灰的方法进行处理。反应式为：

$$Cr_2O_7^{2-}+6Fe^{2+}+14H^+\longrightarrow 2Cr^{3+}+6Fe^{3+}+7H_2O \tag{4-18}$$

$$CrO_4^{2-}+3Fe^{2+}+8H^+\longrightarrow Cr^{3+}+3Fe^{3+}+4H_2O \tag{4-19}$$

$$Cr^{3+}+3OH^-\longrightarrow Cr(OH)_3\downarrow \tag{4-20}$$

$$Fe^{3+}+3OH^-\longrightarrow Fe(OH)_3\downarrow \tag{4-21}$$

(2) 电解还原法处理

电解还原处理，包括污染物在阴极上得到电子而发生的直接还原和利用电解过程中产生的强还原活性物质使污染物发生的间接还原。例如电解还原处理含铬废水，以铁板为阳极，在电解过程中铁溶解生成 Fe^{2+}，在酸性条件下，CrO_4^{2-}被 Fe^{2+}还原成 Cr^{3+}。同时由于阴极上析出氢气，使废水 pH 值逐渐升高，Cr^{3+} 和 Fe^{3+} 便形成氢氧化铬及氢氧化铁沉淀。氢氧化铁有凝聚作用，能促进氢氧化铬迅速沉淀。

在阳极：

$$Fe-2e^{-}\longrightarrow Fe^{2+} \tag{4-22}$$

$$CrO_4{}^{2-}+3Fe^{2+}+8H^{+}\longrightarrow Cr^{3+}+3Fe^{3+}+4H_2O \tag{4-23}$$

在阴极：

$$2H^{+}+2e^{-}\longrightarrow H_2\uparrow \tag{4-24}$$

$$CrO_4{}^{2-}+3Fe^{2+}+8H^{+}\longrightarrow Cr^{3+}+3Fe^{3+}+4H_2O \tag{4-25}$$

直接电解处理的优点是占地面积少，易于实现自动化控制，药剂消耗量和废液排放量都较少，通过调节电解电压或电流，可以适应废水水量和水质大幅度变化带来的冲击。缺点是电耗和可溶性阳极材料消耗较大，副反应多，电极容易钝化。

（3）铁碳内电解法处理

铁碳法主要是利用铁碳床中铁和碳（或加入的惰性电极）构成无数微小原电池，碳的电位高，形成许多微阴极，铁的电位低，形成微阳极，在电化学催化作用下，污染物在电极表面发生化学反应，降解有机污染物，因此又可称为内电解法。新生成的电极产物活性极高，能与废水中的有机污染物发生氧化还原反应，使其结构形态发生变化，完成由难处理到易处理、由有色到无色的转变。同时微原电池自身反应产生铁离子和氢氧化铁，其水解产物具有较强的吸附和絮凝作用，在微原电池周围电场的作用下，废水中以胶体存在的污染物可以在短时间内完成电泳沉积过程，从而去除污染物质。实际应用中的金属铁中都含有杂质碳，又由于材料表面的不均匀性，有利于形成腐蚀电池。其电极反应为：

阳极（Fe）：

$Fe-2e^{-}\longrightarrow Fe^{2+}$，$Fe^{2+}$还会与 OH^{-}反应

$$Fe^{2+}+3OH^{-}-e^{-}\longrightarrow Fe(OH)_3\downarrow \tag{4-26}$$

$$Fe^{2+}+2H_2O\longrightarrow Fe(OH)_2\downarrow+2H^{+} \tag{4-27}$$

$$Fe^{2+}+2OH^{-}\longrightarrow Fe(OH)_2\downarrow \tag{4-28}$$

阴极（铁中的杂质碳或是外加的碳）：

$$2H^{+}+2e^{-}\longrightarrow 2[H]\rightarrow H_2 \tag{4-29}$$

$$O_2+4H^{+}+4e^{-}\longrightarrow 2H_2O\text{（酸性充氧时）} \tag{4-30}$$

在电极反应基础上，金属铁还原法降解水中污染物的机理可能包括以下几种。

① 铁的还原作用

铁是活泼金属，在酸性条件下可使一些重金属离子和有机物还原为还原态。

② $Fe(OH)_2$的还原作用

电极反应过程中所产生的产物 $Fe(OH)_2$对硝基、亚硝基及偶氮化合物具有强烈的还原作用，可把硝基苯类污染物还原成可以生物降解的苯胺类化合物。

③ 氢的还原作用

电极反应中新生成的氢具有较大的活性，能与废水中许多组分发生还原反应，破坏发

色、助色基团的结构，使偶氮键断裂、硝基化化合物还原为氨基化合物。

因此，用金属铁还原法处理硝基苯类废水的反应机理为：硝基苯首先在阴极表面获得2个电子还原为亚硝基苯，亚硝基苯继续获得2个电子还原为羟基苯胺，羟基苯胺再得到2个电子还原为苯胺。同时，阳极的产物 $Fe(OH)_2$ 有强烈还原作用，可将硝基苯类化合物还原成苯胺类化合物。这就使废水的毒性降低至1/50，且 BOD_5/COD_{Cr} 从0提高到0.4~0.5。

目前，国内外已有不少关于用金属铁还原法处理难生物降解工业废水和提高硝基苯类废水的可生物降解性方面的研究和工程实践报道。但在工程实践中，也存在以下一些局限性，严重影响这一方法的推广应用：

① 铁粉的特点是粒度小、比表面积大，可以有较高的表面反应活性。但铁粉的成本较高、容易流失、循环再生的利用率较低，而且容易板结成块，影响使用。

② 铁屑法和铁碳法处理废水时，为了提高效率，要在酸性条件下进行，且要曝气充氧。这样，pH值的调节要消耗酸、碱，提高了处理成本、增加了工艺流程的复杂性，而且增大了铁的消耗和沉淀污泥的产生。

③ 铁屑法和铁碳法处理废水在酸性充氧条件下进行，使铁屑处理装置运行一段时间后，形成大量铁泥，结块板结，产生腐蚀钝化，使处理效果大幅下降。

（4）Cu/Fe催化还原法处理

为了克服金属铁还原法的局限性，近年来，同济大学等开发了新型的Cu/Fe催化还原法，成功地应用于多种难生物降解工业废水的处理。

Cu/Fe催化还原法的机理也是基于原电池反应的电化学原理，在导电性溶液中形成原电池。由于铜的标准电极电势较高（+0.34V），可促进宏观腐蚀电池的产生，增强铁的接触腐蚀，提高反应速率，而且，铜的电催化性能，使有机物在其表面直接还原，克服了传统铁屑法和铁碳法仅适用于处理pH值较低的废水，以及需要曝气，并且铁屑容易结块板结等缺点。实践表明，该方法有以下特点：①铁和铜都可以用废料，只要比表面积较大，混合均匀，还原的效率大大超过铁碳法；②经连续运行两年以上，没有发生结块板结现象，而且铁的消耗量较低（约40mg/L），铜没有消耗也未出现钝化现象；③pH值的适用范围较广（pH值≤10时，都能取得较好的效果）。

该方法已成功地应用于上海某化工区污水厂（$6\times10^4 m^3/d$）的改造工程。污水厂接纳了大量化工医药和轻化工企业的生产废水，COD和色度很高，还存在很多的苯系物、苯胺类、硝基苯类物质。污水厂改造工程在原有处理工艺中的初沉池和生物处理池之间增加了Cu/Fe催化还原反应池作为生物处理的预处理，反应时间为2h。经改造后，污水厂的出水COD达到100mg/L以下，BOD_5 在20mg/L以下，氨氮在10mg/L以下，色度去除率达75%，仅剩一点淡黄色，硝基苯的去除率在70%以上。

（5）Cu/Al催化还原法处理

零价铁和催化铁内电解处理对碱性特别强的废水效果不好，若采用酸去中和废水，酸耗量大。而铝是两性金属，能与碱反应，在碱性条件处理废水时，处理效果会比催化铁内电解好。有研究表明在 pH 值=12 时，催化铝内电解处理活性艳红的去除率要比相同条件下催化铁内电解高 60%左右。Cu/Al 催化还原工艺对污染物具有电化学还原、铝离子的絮凝、单质铝的直接还原等作用。

(6) 联合工艺

除上述几种方法，还有一些协同处理可以提高对污染物的去除率，相对降低运行成本，是提高铁碳内电解处理效果的新方向。如与光催化氧化结合处理有机染料废水，利用臭氧协同内电解提高 COD 的去处效率，用镀铜磁性粒子强化内电解后处理硝基苯酚废水，内电解结合超声降解碱性品绿染料。高压脉冲在有铁碳内电解存在的条件下，对有机物的降解率增加，尤其是对污染物 4-氯酚的去除率大大增加。投加添加剂，如在铁碳内电解反应过程中加入过氧化氢，使其与电解产生的 Fe^{2+} 形成 Fenton 试剂，大大提高了去除率。在印染废水铁碳内电解处理中投加氯化铁，氯化铁有很强的去极化作用，促进 COD 的去除。铁碳内电解预处理段增加铁离子含量可以改善后续工艺活性污泥沉降性能，提高 COD 去除率，加入催化剂，如一定量的无机催化剂、沸石等，铁碳内电解处理污水效果也会增加。微波协同内电解，在常压下微波场内形成种非稳态的放电等离子体，使铁屑表面结构发生明显改变。在产生等离子体的同时也激发产生 Fe^{3+}、Fe^{2+} 以及强氧化剂 O_3，电弧(紫外光)等，可以强化铁屑表面及孔隙中的有机物降解。

思考题与习题

1. 化学处理的对象主要是水中的哪类杂质？它与生物处理相比有什么特点(成本、运行管理、占地、污泥等)？

2. 中和法处理酸(或碱)性水可采用哪些方法，应用最多的是何种方法？

3. 化学沉淀法的主要处理对象是哪些污染物，它与重力沉降法相比有什么特点？

4. 氧化还原法有何特点？是否废水中的杂质必须是氧化剂或还原剂才能用此方法？

5. 某工业水流量为 10000L/d，氰化物(以 CN 表示)含量为 130mg/L，采用氯化氧化法进行处理，假定氧化 CNO，需要多少 Cl_2？假定完全氧化成 HCO_3^- 和 HCl，各需要多少 Cl_2？

第 5 章　工业水的物理化学处理技术

污水可以利用物理化学的原理和化工单元操作以去除水中的杂质。它的处理对象与化学处理对象相似，尤其适用于杂质浓度很高的污水(通常用作物质的回收利用)或是杂质浓度很低的污水(通常作为污水的深度处理)。

本章介绍的物理化学处理法有化学混凝法、吸附法、离子交换法、萃取法、膜析法和超临界处理技术。

5.1　化学混凝法

5.1.1　混凝原理

化学混凝所处理的对象，主要是水中的微小悬浮固体和胶体杂质。大颗粒的悬浮固体由于受重力的作用而下沉，可以用沉淀等方法除去。但是，微小粒径的悬浮固体和胶体，能在水中长期保持分散悬游状态，即使静置数十小时以上，也不会自然沉降。这是由于胶体微粒及细微悬浮颗粒具有“稳定性”。

(1) 胶体的稳定性

根据研究可知，胶体微粒都带有电荷。天然水中的黏土类胶体微粒以及污水中的胶态蛋白质和淀粉微粒等都带有负电荷，其结构示意见图 5-1。它的中心称为胶核。其表面选择性地吸附了一层带有电荷的离子，这些离子可以是胶核的组成物直接电离而产生的，也可以是从水中选择吸附离子而造成的。这层离子称为胶体微粒的电位离子，它决定了胶粒电荷的大小和电性。由于电位离子的静电引力，在其周围又吸附了大量的电荷相反的离子，形成了所谓“双电层”。这些离子，其中紧靠电位离子的部分被牢固地吸引着，当胶核运行时，它也随着一起运动，形成固定的离子层。而其他的离子，离电位离子较远，受到的引力较弱，不随胶核一起运动，并有向水中扩散的趋势，形成了扩散层。固定的离子层与扩散层之间的交界面称为滑动面。滑动面以内

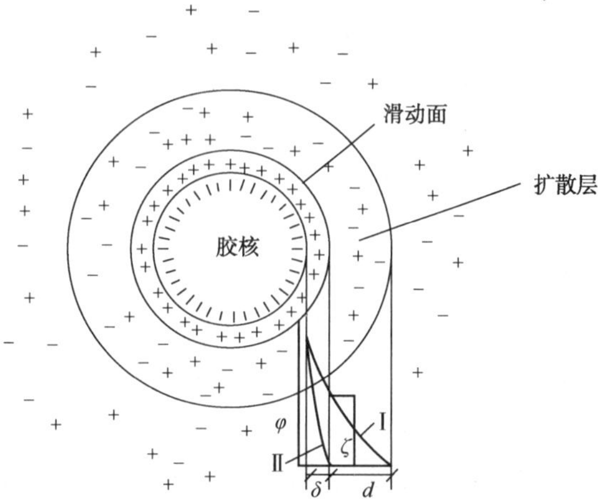

图 5-1　胶体结构和双电层示意图

的部分称为胶粒，胶粒与扩散层之间，有一个电位差。此电位称为胶体的电动电位，常称为电位。而胶核表面的电位离子与溶液之间的电位差称为总电位或 φ 电位。

胶粒在水中受几方面的影响：①由于上述的胶粒带电现象，带相同电荷的胶粒产生静电斥力，而且 ξ 电位愈高，胶粒间的静电斥力愈大；②受水分子热运动的撞击，微粒在水中做不规则的运动，即“布朗运动”；③胶粒之间还存在着相互引力——范德瓦耳斯力。范德瓦耳斯力的大小与胶粒间距的 2 次方成反比，当间距较大时，此引力略去不计。

一般水中的胶粒，ξ 电位较高。其相互间斥力不仅与 ξ 电位有关，还与胶粒的间距有关，距离越近，斥力越大。而布朗运动的动能不足以将两胶粒推近到使范德瓦耳斯力发挥作用的距离。因此，胶体微粒不能相互聚结，而是长期保持稳定的分散状态。

使胶粒不能相互聚结的另一个因素是水化作用。由于胶粒带电，将极性水分子吸引到它的周围形成一层水化膜。水化膜同样能阻止胶粒间相互接触。但是，水化膜是伴随胶粒带电而产生的，如果胶粒的 ξ 电位消除或减弱，水化膜也就随之消失或减弱。

（2）混凝原理

化学混凝的机理至今仍未完全清楚。因为它涉及的因素很多，如水中杂质的成分和浓度、水温、水的 pH 值、碱度，以及混凝剂的性质和混凝条件等。但归结起来，可以认为主要是以下三方面的作用：

① 压缩双电层作用

如前所述，水中胶粒能维持稳定的分散悬游状态，主要是由于胶粒具有 ξ 电位。如能消除或降低胶粒的 ξ 电位，就有可能使微粒碰撞聚结，失去稳定性。在水中投加电解质——混凝剂可达此目的。例如天然水中带负电荷的黏土胶粒，在投入铁盐或铝盐等混凝剂后，混凝剂提供的大量正离子不仅增大了离子强度，更由于电中和及吸附作用，这些离子会涌入胶体扩散层甚至吸附层。因为胶核表面的总电位不变，增加扩散层及吸附层中的正离子浓度，就使扩散层减薄，图 5-1 中的 ξ 电位降低。当大量正离子涌入吸附层以致扩散层完全消失时，ξ 电位为零，称为等电状态。在等电状态下，胶粒间静电斥力消失，胶粒最易发生聚结。实际上，ξ 电位只要降至某一程度而使胶粒间排斥的能量小于胶粒布朗运动的动能时，胶粒就开始产生明显的聚结，这时的 ξ 电位称为临界电位。胶粒因 ξ 电位降低或消除以致失去稳定性的过程，称为胶粒脱稳。脱稳的胶粒相互聚结，称为凝聚。

压缩双电层作用是阐明胶体凝聚的一个重要理论。它特别适用于无机盐混凝剂所提供的简单离子的情况。但是，如果仅用双电层作用原理来解释水中的混凝现象，会产生一些矛盾。例如，三价铝盐或铁盐混凝剂投量过多时效果反而下降，水中的胶粒又会重新获得稳定。又如在等电状态下，混凝效果似应最好，但生产实践却表明，混凝效果最佳时的 ξ 电位常大于零。这表明除了压缩双电层作用外，还有其他作用存在。

② 吸附架桥作用

三价铝盐或铁盐以及其他高分子混凝剂溶于水后，经水解和缩聚反应形成高分子聚合物，具有线性结构。这类高分子物质可被胶体微粒所强烈吸附。因其线性长度较大，当它的一端吸附某一胶粒后，另一端又吸附另一胶粒，在相距较远的两胶粒间进行吸附架桥，使颗粒逐渐结大，形成肉眼可见的粗大絮凝体。这种由高分子物质吸附架桥作用而使微粒相互黏结的过程，称为絮凝。

③ 网捕作用

三价铝盐或铁盐等水解而生成沉淀物。这些沉淀物在自身沉淀过程中，能卷集、网捕水中的胶体等微粒，使胶体黏结。

上述产生的微粒凝结现象——凝聚和絮凝总称为混凝。

压缩双电层作用和吸附架桥作用，对于不同类型的混凝剂，所起的作用程度并不相同。对高分子混凝剂特别是有机高分子混凝剂，吸附架桥可能起主要作用；对铝盐、铁盐等无机混凝剂，压缩双电层和吸附架桥以及网捕都具有重要作用。

可以在实验室做一试验：在两个烧杯中盛放同等的水样，分别加入相同的适量硫酸铝溶液。在第一个烧杯中，在投药的同时进行剧烈搅拌，然后再缓慢搅动数分钟后静沉；在第二个烧杯中，加药时不进行搅拌，而在相隔 1min 后才缓慢搅动数分钟，再静沉。结果，我们会得到两种相差悬殊的处理效果，前者的效果显著优于后者。其原因就在于为使混凝剂达到优异的混凝效果，应尽量使胶体脱稳，并使吸附架桥作用得到充分发挥。因此，当混凝剂投放水中后，应立即进行剧烈搅拌，使带电聚合物迅速均匀地与全部胶体杂质接触，使胶粒脱稳，随后，脱稳胶粒在相互凝聚的同时，靠聚合度不断增大的高聚物的吸附架桥作用，形成大的絮凝体，使混凝过程很好地完成。

污水处理方面的混凝原理，既与给水处理中有相同之处，又有所区别，特别是加药混凝与生物处理相结合时，投加混凝剂不仅会对污水中的悬浮固体和胶体杂质起吸附、絮凝作用，还使后续生物处理中的活性污泥或生物膜的性质得到改善，尤其是投加铁盐作为混凝剂时，由于铁盐是生物的营养剂，即使是投加较少的铁盐(例如数十 mg/L)，就能明显改善活性污泥的结构和沉降性能以及生物膜的附着性能(如作为生物处理的前处理)。由于二价铁的还原作用，投加二价铁盐对某些有色废水有一定的脱色作用，对某些难生物降解的污染物可改变其分子结构，从而改善其可生物降解性，与后续的活性污泥法处理相结合，能产生良好的效果。

5.1.2 混凝剂和助凝剂

(1) 混凝剂

用于水处理中的混凝剂应满足如下要求：混凝效果良好，对人体健康无害，价廉易得，使用方便。混凝剂的种类较多，归纳起来主要有以下两大类：

① 无机盐类混凝剂：目前应用最广的是铝盐和铁盐。

传统的铝盐(混凝剂)主要有硫酸铝、明矾等。硫酸铝[$Al_2(SO_4)_3 \cdot 18H_2O$]的产品有精制和粗制两种。精制硫酸铝是白色结晶体。粗制硫酸铝中 Al_2O_3的含量不少于 14.5%~16.5%，不溶杂质含量不大于 24%~30%，价格较低；但质量不稳定，因含不溶杂质较多，增加了药液配制和排除废渣等方面的困难。明矾是硫酸铝和硫酸钾的复盐[$Al_2(SO_4)_3 \cdot K_2SO_4 \cdot 24H_2O$]，$Al_2O_3$含量约 10.6%，是天然矿物。硫酸铝混凝效果较好，使用方便，对处理后的水质没有任何不良影响。但水温低时，硫酸铝水解困难，形成的絮凝体较松散，效果不及铁盐。

传统的铁盐混凝剂主要有三氯化铁、硫酸亚铁和硫酸铁等。三氯化铁是褐色结晶体，极易溶解，形成的絮凝体较紧密、易沉淀，但三氯化铁腐蚀性强、易吸水潮解、不易保管。硫酸亚铁（$FeSO_4 \cdot 7H_20$）是半透明绿色结晶体，解离出二价铁离子（Fe^{2+}），如单独用于水处理，使用时应将二价铁氧化成三价铁。同时，残留在水中的 Fe^{2+} 会使处理后的水带色。

② 高分子混凝剂：高分子混凝剂分无机和有机两类。

近年来，高分子无机聚合混凝剂的发展非常迅速，聚合氯化铝和聚合硫酸铁是目前国内研制和使用比较广泛的无机高分子混凝剂。实际上，目前我国使用的混凝剂中，无机聚合混凝剂的用量已占 80%以上，基本上代替了传统混凝剂。

硫酸铝投入水中后，主要是各种形态的水解聚合物发挥混凝作用。但由于影响硫酸铝化学反应的因素复杂，要想根据不同水质控制水解聚合物的形态是不可能的。人工合成的聚合氯化铝则是在人工控制的条件下预先制成最优形态的聚合物，投入水中后可发挥优良的混凝作用。它对各种水质适应性较强，适用的 pH 范围较广，对低温水效果也较好，形成的絮凝体粒大而重，所需的投量约为硫酸铝的 1/2～1/3。

聚合硫酸铁是一种高效的无机高分子混凝剂。它可以用酸洗废液作为原料，在催化剂作用下，将二价铁氧化成三价铁，再加碱剂调制而成。它比三氯化铁腐蚀性小而混凝效果良好。

有机高分子混凝剂有天然的和人工合成的。这类混凝剂都具有巨大的线性分子。每一大分子有许多链节组成。链节间以共价键结合。我国当前使用较多的是人工合成的聚丙烯酰胺，分子结构为下面类型：

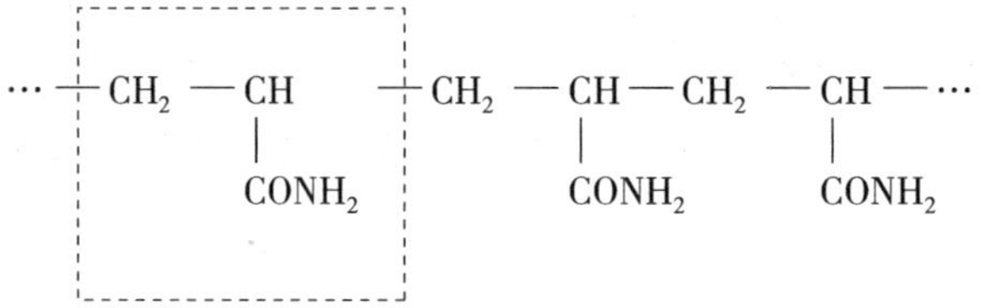

链节

聚丙烯酰胺的聚合度可多达 $2\times10^4 \sim 9\times10^4$，相应的相对分子质量高达 $150\times10^4 \sim 600\times10^4$。凡有机高分子混凝剂的链节上含可解离基团，解离后带正电的称为阳离子型，带负电的称为阴离子型。如果链节上不含可解离基团的称非离子型。

聚丙烯酰胺为非离子型高聚物。但它可以通过水解构成阴离子型，也可通过引入基团构成阳离子型。

有机高分子混凝剂由于分子上的链节与水中胶体微粒有极强的吸附作用，混凝效果优异。即使是阴离子型高聚物，对负电胶体也有强的吸附作用。但对于未经脱稳的胶体，由于静电斥力有碍于吸附架桥作用，通常作助凝剂使用。阳离子型高聚物的吸附作用尤其强烈，且在吸附的同时，对负电胶体有电中和的脱稳作用。

有机高分子混凝剂虽然效果优异，但制造过程复杂，价格较贵。另外，由于聚丙烯酰胺的单体——丙烯酰胺有一定的毒性，因此它们的毒性问题引起人们的注意和研究。

(2) 助凝剂

当单用混凝剂不能取得良好效果时，可投加某些辅助药剂以提高混凝效果，这种辅助药剂称为助凝剂。助凝剂可用以调节或改善混凝的条件，例如当原水的碱度不足时可投加石灰或重碳酸钠等；当采用硫酸亚铁作混凝剂时可加氯气将二价铁离子(Fe^{2+})氧化成三价铁离子(Fe^{3+})等。助凝剂也可用以改善絮凝体的结构，利用高分子助凝剂的强烈吸附架桥作用，使细小松散的絮凝体变得粗大而紧密，常用的有聚丙烯酰胺、活化硅酸、骨胶、海藻酸钠、红花树等。

5.1.3 影响混凝效果的主要因素

影响混凝效果的因素较复杂，主要有水温、水质和水力条件等。

(1) 水温

水温对混凝效果有明显的影响。无机盐类混凝剂的水解是吸热反应，水温低时，水解困难，特别是硫酸铝，当水温低于5℃时，水解速率非常缓慢。而且水温低，黏度大，不利于脱稳胶粒相互絮凝，影响絮凝体的结大，影响后续沉淀处理的效果。改善的办法是投加高分子助凝剂或是用气浮法代替沉淀法作为后续处理。

(2) pH 值

水的 pH 值对混凝的影响程度，视混凝剂的品种而异。用硫酸铝时，最佳 pH 值范围在 6.5~7.5 之间；用于除色时，pH 值在 4.5~5 之间。用三价铁盐时，最佳 pH 值范围在 6.0~8.4 之间，比硫酸铝宽。如用硫酸亚铁，只有在 pH 值>8.5 和水中有足够溶解氧时，才能迅速形成 Fe^{3+}，这就使设备和操作较复杂。为此，常采用加氯氧化的方法，其反应为：

$$6FeSO_4+3Cl_2 = 2Fe_2(SO_4)_3+2FeCl_3 \tag{5-1}$$

高分子混凝剂尤其是有机高分子混凝剂，混凝的效果受 pH 值的影响较小。从铝盐和铁盐的水解反应式可以看出，水解过程中不断产生 H^+ 必将使水的 pH 值下降。要使 pH 值保持在最佳的范围内，应有碱性物质与其中和。当原水中碱度充分时，pH 值略有下降而不致影响混凝效果。当原水中碱度不足或混凝剂投量较大，水的 pH 值将大幅度下降，影响混凝效果。此时，应投加石灰或重碳酸钠等。

(3) 水中杂质的成分、性质和浓度

水中杂质的成分、性质和浓度都对混凝效果有明显的影响。例如，天然水中主要含黏土类杂质，需要投加的混凝剂的量较少，而污水中含有大量有机物时，需要投加较多的混凝剂才有混凝效果，有时投量可达 1~1.3mg/L。这说明影响的因素比较复杂，理论上只限于做定性推断和估计。在生产和实用上，主要靠混凝试验，以选择合适的混凝剂品种和最佳投量。

在城镇污水处理方面，过去很少采用化学混凝的方法。但近年来，化学混凝剂的品种和质量都有较大的发展，使化学混凝法处理城镇污水有一定的竞争力。实践表明，对某些浓度不高的城镇污水，投加 20~80mg/L 的聚合氯化铝与 0.3~0.5mg/L 左右的阴离子聚丙烯酰胺，就可去除 COD 70%左右，悬浮固体和总磷 90%以上。

(4) 水力条件

混凝过程中的水力条件对絮凝体的形成影响极大。整个混凝过程可以分为两个阶段：混合和反应。这两个阶段在水力条件上的配合非常重要。

混合阶段的要求是使药剂迅速均匀地扩散到全部水中以创造良好的水解和聚合条件，使胶体脱稳并借颗粒的布朗运动和紊动水流进行凝聚。在此阶段并不要求形成大的絮凝体。混合要求快速和剧烈搅拌，在几秒钟或 1min 内完成。对于高分子混凝剂，由于它们在水中的形态不像无机盐混凝剂那样受时间的影响，混合的作用主要是使药剂在水中均匀分散，混合反应可以在很短的时间内完成，而且不宜进行过剧烈的搅拌。

反应阶段的要求是使混凝剂的微粒通过絮凝形成大的具有良好沉淀性能的絮凝体。反应阶段的搅拌强度或水流速度应随着絮凝体的结大而逐渐降低，以免结大的絮凝体被打碎。如果在化学混凝以后不经沉淀处理而直接进行接触过滤或是进行气浮处理，反应阶段可以省略。

5.1.4 化学混凝的设备

化学混凝的设备包括混凝剂的溶解配制和投加设备、混合设备和反应设备。

(1) 混凝剂的溶解配制和投加设备

将混凝药剂投加到待处理的水中，可以用干投法和湿投法。干投法就是将固体药剂(如硫酸铝)破碎成粉末后定量地投加，这种方法现在使用较少。目前常用的湿投法是将混凝剂先溶解，再配制成一定浓度的溶液后定量地投加。因此，它包括溶解配制设备和投加设备。

混凝剂的溶解和配制：混凝剂在溶解池中进行溶解。溶解池应有搅拌装置，搅拌的目的是加速药剂的溶解。搅拌的方法常有机械搅拌、压缩空气搅拌和水泵搅拌等。机械搅拌是用电动机带动桨板或涡轮。压缩空气搅拌是向溶解池通入压缩空气进行搅拌。水泵搅拌是直接用水泵从溶解池内抽取溶液再循环回到溶解池。无机盐类混凝剂溶解池，搅拌装置和管配件等都应考虑防腐措施或用防腐材料。当使用 $FeCl_3$时，腐蚀性非常强，更需注意。

药剂溶解完全后，将浓药液送入溶液池，用清水稀释到一定的浓度备用。无机混凝剂溶液浓度一般用 10%~20%。有机高分子混凝剂溶液的浓度一般用 0.5%~1.0%。

溶液池的容积(V_1)可按下式计算：

$$V_1=\frac{24\times100AQ}{1000\times1000wn}=\frac{AQ}{417wn} \tag{5-2}$$

式中 V_1——溶液池溶积，m^3；

Q——处理的水量，m^3/h；

A——混凝剂的最大投加量，mg/L；

w——溶液质量分数，%；

n——每天配制次数，一般为 2~6 次。

溶解池的容积V_2：

$$V_2=(0.2\sim0.3)V_1 \tag{5-3}$$

混凝剂溶液的投加：药剂投入原水中必须有计量及定量设备，并能随时调节投加量。计量设备可以用转子流量计、电磁流量计等。图 5-2 是一种常用的简单计量设备。配制好的药剂溶液通过浮球阀进入恒位水箱。箱中液位靠浮球阀保持恒定。在恒定液位下 h 处有出液管，管端装有苗嘴或孔板，见图 5-3(a)和(b)。因作用水头 h 恒定，一定口径的苗嘴或是一定开启度的孔板的出流量是恒定的。当需要调节投药量时，可以更换苗嘴或是改变孔板的出口断面。

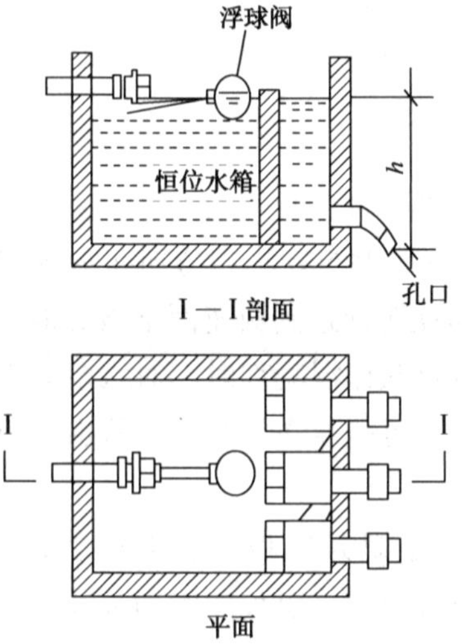

图 5-2　计量设备

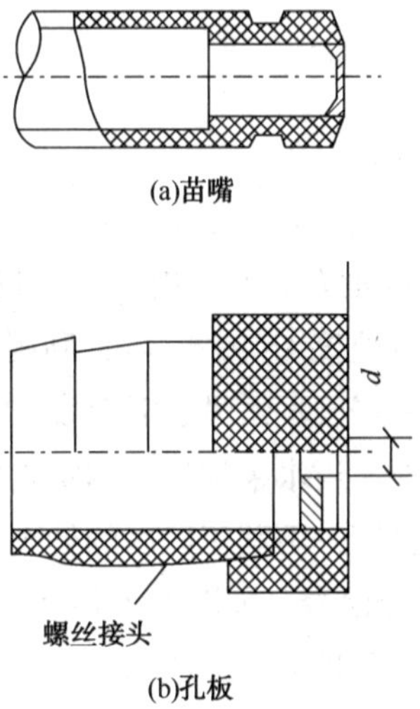

图 5-3　苗嘴和孔板

药剂投入原水中的方式，可以采用在泵前靠重力投加(图 5-4)，也可以用水射器投加(图 5-5)或直接用计量泵投加。

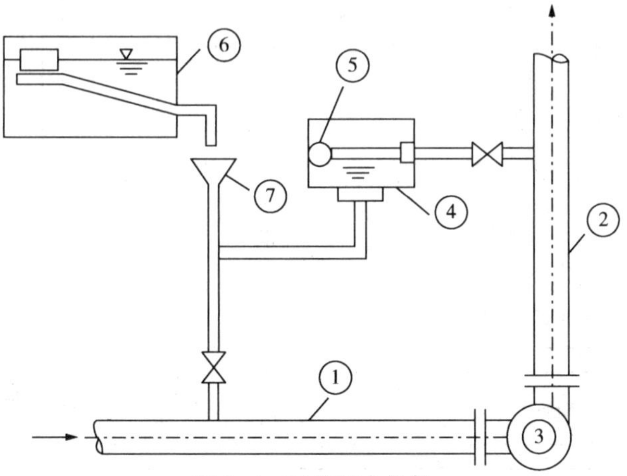

图 5-4　泵前重力投加

①—水管；②—出水管；③—水泵；④—水封箱；⑤—浮球阀；⑥—溶液池；⑦—漏斗管

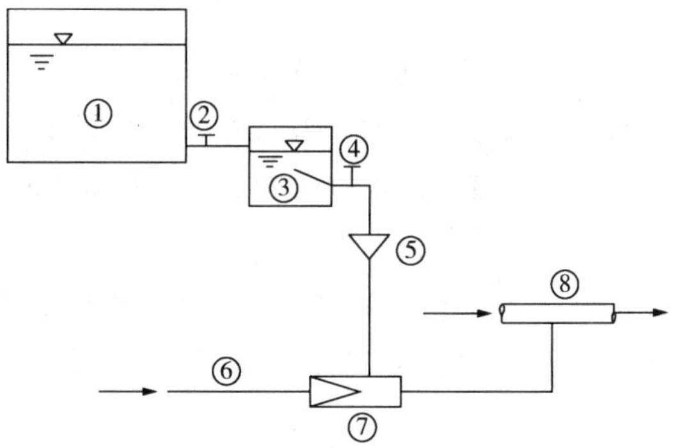

图 5-5　水射器投加

①—溶液池；②、④—阀门；③—投药箱；⑤—漏斗；⑥—高压水管；⑦—水射器；⑧—原水

(2) 混合设备

常用的混合方式是水泵混合、隔板混合和机械混合。

① 水泵混合：利用提升水泵进行混合是一种常用的方法。药剂在水泵的吸水管上或吸水喇叭口处投入(图 5-4)，利用水泵叶轮的高速转动达到快速而剧烈的混合目的。用水泵混合效果好，不需另建混合设备。但如用三氯化铁作混凝剂时，对水泵叶轮有一定腐蚀作用。另外，当水泵到处理构筑物的管线很长时，可能会在长距离的管道中过早地形成絮凝体并被打碎，不利于以后的处理。

② 隔板混合：如图 5-6 所示，在混合池内设有数块隔板，水流通过隔板孔道时产生急剧的收缩和扩散，形成涡流，使药剂与原水充分混合。隔板间距约为池宽的 2 倍。隔板孔道交错设置，流过孔道时的流速不应小于 1m/s，池内平均流速不小于 0.6m/s。混合时间一般为 10~30s。在处理水量稳定时，隔板混合的效果较好；如流量变化较大时，混合效果不稳定。

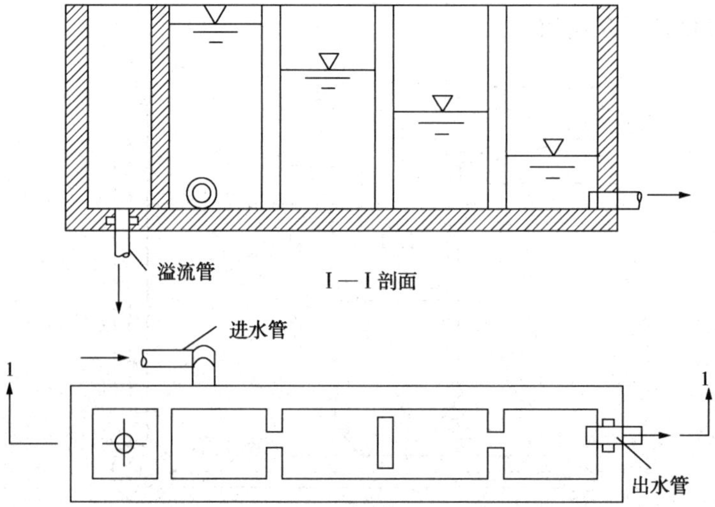

图 5-6　隔板混合池

③ 机械混合：用电动机带动桨板或螺旋桨进行强烈搅拌是一种有效的混合方法。如图 5-7 所示，桨板的外缘线速度一般用 2m/s 左右，混合时间为 10~30s。机械搅拌的强度可以调节，比较灵活。这种方法的缺点是增加了机械设备，增加了维修保养工作和动力消耗。

(3) 反应设备

反应设备有水力搅拌和机械搅拌两大类。常用的有隔板反应池和机械搅拌反应池。

① 隔板反应池：往复式隔板反应池如图 5-8 所示。它是利用水流断面上流速分布不均匀所造成的速度梯度，促进颗粒相互碰撞进行絮凝。为避免结成的絮凝体被打碎，隔板中的流速应逐渐减小。

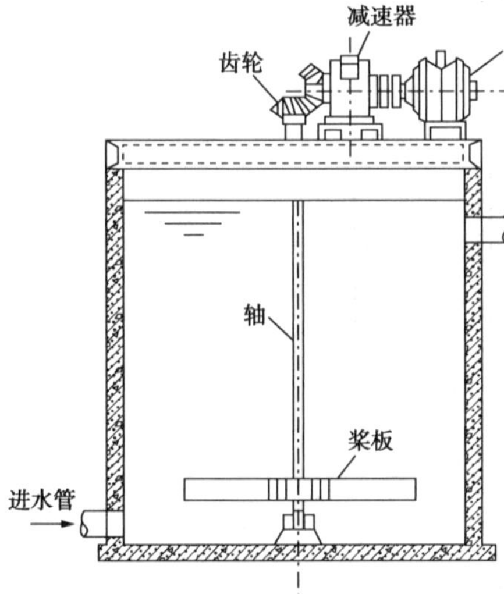

图 5-7 桨板混合池

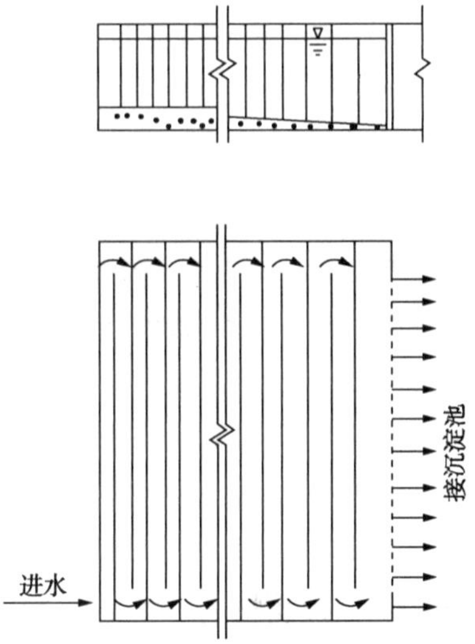

图 5-8 隔板反应池

隔板反应池构造简单，管理方便，效果较好，但反应时间较长，容积较大，且主要适用于处理水量较大的处理厂。因为水量过小时，隔板间距过狭，难于施工和维修。

隔板反应池的主要设计参数可采用：

反应池隔板间的流速，起端部分为 0.5~0.6m/s，末端部分为 0.15~0.2m/s。隔板的间距从进口到出口，逐渐放宽。

反应时间为 20~30min。

为便于施工和检修，隔板间距应大于 0.5~0.7m。池底应有 0.02~0.03 的坡度并设排泥管。

转弯处的过水断面面积应是隔板间过水断面面积的 1.2~1.5 倍。

反应池的总水头损失为 0.3~0.5m。

② 机械搅拌反应池：机械搅拌反应池如图 5-9 所示。图中的转动轴是垂直的，也可以用水平轴式。

机械搅拌反应池的主要设计参数可采用：

每台搅拌设备上的桨板总面积为水流截面积的10%~20%，不超过25%。桨板长度不大于叶轮直径的75%，宽度为10~30cm。

叶轮半径中心点的旋转线速度在第一格用0.5~0.6m/s，以后逐格减少，最后一格采用0.1~0.2m/s，不得大于0.3m/s。

反应时间为15~20min。

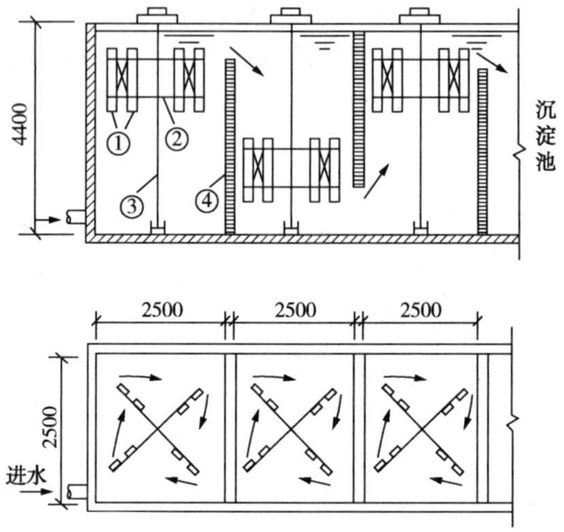

图5-9 机械搅拌反应池

①—桨板；②—叶轮；③—转动轴；④—隔墙

5.2 吸附法

5.2.1 吸附原理

(1) 吸附平衡和吸附等温线

当气体或液体与固体接触时，在固体表面上某些成分被富集的过程称为吸附。气体或液体物质吸附于固体表面的作用力一般可分为两类：一类是由范德华瓦尔斯力引起的分子之间的相互作用力，由这种力引起的吸附称为物理吸附。物理吸附类似于气体的凝聚现象，没有电子转移，所需活化能小，吸附量较低，其吸附和解吸速率都很快。另一类是化学力，吸附质分子与吸附剂表面的原子反应生成络合物，需要一定的活化能，这类吸附称为化学吸附。化学吸附的吸附热较物理吸附过程大，接近化学反应热，其吸附或解吸速率都比物理吸附慢，且吸附速率随温度的升高而增加。这两类吸附的作用不能截然分开，物理吸附和化学吸附没有严格的界限，而且随着条件的相伴发生。但在一个系统中，可能某一种吸附是主要的。在污水处理中，多数情况下，往往是几种吸附作用的综合效果。

在等温吸附过程中，当两相在一定温度下充分接触，最后达到吸附质分子到达吸附剂表面的数和吸附剂表面释放吸附质的数量相等，即达到吸附平衡。等温吸附平衡已有众多学者从不同的模型和学说出发，推导和修正出各种吸附校常用的吸附等温式。由于吸附机理比较复杂，这些吸附等温式只能适用于特定的吸附情况。较常用的吸附等温式如下：

① 亨利吸附等温式

对于低浓度吸附质的水溶液，吸附分子如不缔合或解离，保持分子状态的单分子层吸附于均一表面的吸附剂时，单位吸附剂的吸附量和液体中吸附质质量浓度呈线性关系：

$$q=y/m=Hc \tag{5-4}$$

式中 q——单位吸附剂的吸附量，mg/mg；

y——吸附剂吸附的物质总量，mg；

m——投加的吸附剂量，mg；

H——亨利常数，L/mg；

c——吸附质在液体中的质量浓度，mg/L。

② 朗缪尔(Langmuir)吸附等温式

朗缪尔假设在吸附剂表面具有均匀的吸附能力，所有的吸附机理相同，被吸附的吸附质分子之间没有相互作用力，也不影响分子的吸附，在吸附剂表面只形成单分子层吸附，因此吸附速率和解吸速率与吸附剂表面被吸附分子的覆盖率 θ 和裸露率 $(1-\theta)$ 有关，由此导出：

$$\text{吸附速率}=k_a(1-\theta)c \tag{5-5}$$

$$\text{解吸速率}=k_d\theta \tag{5-6}$$

式中 k_a——吸附速率常数；

k_d——解吸速率常数；

c——溶液中溶质的质量浓度，mg/L。

设 q_m 为单位质量或单位体积吸附剂盖满一层单分子层时的吸附量。q 为达到任一平衡状态时的吸附量，覆盖率 $\theta=q/q_m$。在平衡状态时，吸附速率等于解吸速率：

$$k_ac(1-\theta)=k_d\theta \tag{5-7}$$

$$\theta=\frac{q}{q_m}=\frac{k_1c}{1+k_1c}\text{或 } q=\frac{y}{m}=\frac{q_mk_1c}{1+k_1c}=\frac{k'c}{1+k_1c} \tag{5-8}$$

式中 h——朗缪尔常数，$k_1=k_a/h_d$，$k'=q_mk_1$。

在吸附力很弱或浓度很低时，$k_1c<<1$，式(5-8)中分母的 k_1c 可以忽略不计，则式(5-8)改成：

$$q=k_1q_mc=k'c \tag{5-9}$$

式(5-9)与亨利吸附等温式相似，吸附量与吸附质在液相中的浓度呈正比，k_1q_m 相当于亨利常数。

如果吸附力比较强，浓度较高时，$k_1c>>1$，则式(5-8)分母的 1 可以略去，则成为：

$$q=q_m \tag{5-10}$$

吸附量趋于一极限值，吸附等温线趋于一条渐近线。

朗缪尔吸附等温式通过变形，可写成直线式：

$$\frac{1}{q}=\frac{q}{q_m k_1 c}+\frac{1}{q_m} \tag{5-11}$$

将试验数据以$\frac{1}{q}$为纵坐标，$\frac{1}{c}$为横坐标，可求得常数 q_m 和 k_1，如图 5-10 所示。

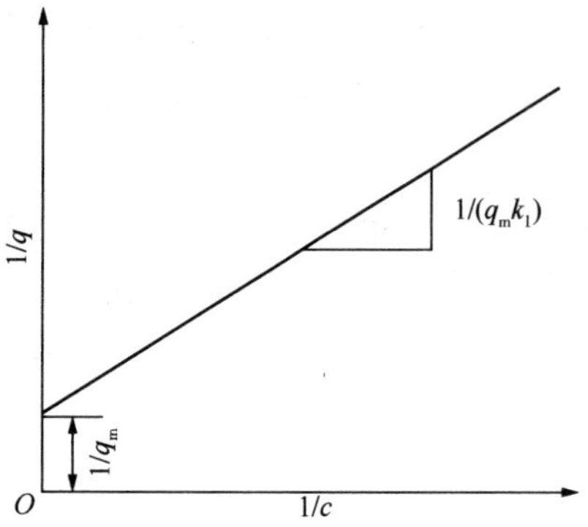

图 5-10　朗缪尔吸附等温式

③ 弗罗因德利希(Freundlich)吸附等温式

弗罗因德利希吸附等温式是一个经验式，该式与不均匀表面吸附理论所得的吸附量与吸附热的关系相符。

$$q=\frac{y}{m}=kc^{\frac{1}{n}} \tag{5-12}$$

式中　k——弗罗因德利希常数；

n——常数，通常 $n>1$，随温度的升高，吸附指数 $1/n$ 趋于 1，一般认为：$1/n$ 介于 0.1~0.5，则容易吸附；$1/n>2$ 的物质难以吸附。

弗罗因德利希吸附等温式可以表示成对数形式：

$$\lg q=\frac{1}{n}\lg c+\lg k \tag{5-13}$$

以 $\lg q$ 和 $\lg c$ 作图，可得一直线，直线斜率为 $1/n$，截距为 $\lg k$。

④ BET 方程

1938 年 Brunauer、Emmett 和 Teller 三人在朗缪尔模型和假定的基础上提出了多层吸附理论。多层吸附的吸附量等于各层吸附量的总和，由此推出的吸附等温方程式即 BET 方程。

$$\frac{c}{q(c_s-c)}=\frac{1}{k\,q_m}+\frac{k-1}{k\,q_m}\frac{c}{c_s} \tag{5-14}$$

$$q=\frac{k\,q_m c}{(c_s-c)\left[1+(k-1)\frac{c}{c_s}\right]} \tag{5-15}$$

当吸附质的平衡浓度 c 远小于他和浓度 c_s时，即 $c_s>>c$ 时，则：

$$\frac{q}{q_m}=\frac{k\frac{c}{c_s}}{1+k\frac{c}{c_s}} \tag{5-16}$$

令 $k_1=k/c_s$，则上式变为朗缪尔方程。

以$\frac{1}{q}\cdot\frac{\frac{c}{c_s}}{1-\frac{c}{c_s}}$为纵坐标，$\frac{c}{c_s}$为横坐标，则为一直线方程。该直线的斜率为$\frac{k-1}{k\,q_m}$，截距为

$\frac{1}{kq_m}$，由图解法可得 k 和 q_m 的值。

（2）吸附速率

前述的吸附平衡值表明了吸附过程中的吸附质在溶液和吸附剂之间的浓度分配的极限，但实际的吸附过程中，吸附需要的时间，吸附设备的大小都与吸附速率有关，吸附速率越快，所需要的时间就越短，吸附设备所需要的容积也就越小。

吸附速率取决于吸附剂对吸附质的吸附过程。多孔吸附剂与溶液接触时，在固体吸附剂颗粒表面总存在着一层流体薄层，即液相界膜，吸附剂对吸附质的吸附过程可以理解为吸附质首先要通过液相界膜扩散到吸附剂表面，称为颗粒的外扩散，或称膜扩散。然后吸附质通过细孔向吸附剂内部扩散称为孔隙扩散，最后是吸附质在吸附剂内表面上的吸附，称为吸附反应。吸附速率取决于上述三个过程，通常吸附反应速率非常快，因而吸附速率主要由外扩散和孔隙扩散速率控制。

界膜内吸附质扩散速率 N 与界膜厚度成反比，与单位体积床层中吸附剂颗粒的外表面积（界膜面积）a、流体主体中吸附质的浓度 c 和吸附剂颗粒外表面上流体中吸附质浓度 c_i 之差成正比，即：

$$N=k_L a(c-c_i)=\frac{D}{\delta}a(c-c_i) \tag{5-17}$$

提高溶液的流速，可使界膜厚度降低，使界膜传质系数 k_L 增大，可提高吸附速率。吸附剂颗粒变小，界膜面积 a 增加，溶液浓度 c 的提高等都可提高吸附速率。

孔隙扩散速率与吸附剂孔隙的大小、结构、吸附质颗粒的大小等因素有关。扩散速率与吸附剂颗粒外表面的吸附量 q_i 和颗粒的平均吸附量 q 的差成正比。

$$N=k_s a(q_i-q) \tag{5-18}$$

式中　k_s——吸附剂外表面至内表面的传质系数。

吸附速率与吸附质颗粒直径的较高次方成反比小，颗粒愈小，内扩散阻力愈小，扩散速率愈快。

（3）影响吸附的因素

吸附是溶剂、溶质和固体吸附剂三者之间的作用，因此溶质、吸附剂和溶液的性质都对吸附过程产生影响。

① 溶质（吸附质）的性质

溶质和溶剂之间的作用力：溶质在水中的溶解度愈大，溶质对水的亲和力就愈强，就不易转向吸附剂界面而破吸附，反之亦然。有机物在水中的溶解度一般与分子结构和大小有关，并随着链长的增加而降低，如活性炭从水中吸附脂肪族有机酸的量，按甲酸、乙酸、丙酸、丁酸的顺序增加。芳香族化合物较脂肪族化合物容易吸附，苯甲醛在活性炭上的吸附量是丁醛的 2 倍，安息酸是乙酸的 5 倍。

溶质分子的大小：Tranbe 定律认为，大尺寸疏水分子的斥力增加了水-水间的键合，因此随着吸附质相对分子质量的增加，吸附量增加。但吸附速率受颗粒内扩散速率控制时，吸附速率随着相对分子质量的增加而降低，低相对分子质量的有机物反而容易被去除。

电离和极性：简单化合物，非解离的分子较离子化合物的吸附量大，但随着化合物结构的复杂化，电离对吸附的影响减小。有机物的极性是分子内部电荷分布的函数，几乎不对称的化合物都或多或少地带有极性。衡量溶质极性对吸附的影响，服从极性相容的原则，即极性吸附剂能强烈地从非极性溶剂中将极性溶质吸附，但是非极性吸附剂很难将极性溶剂中的极性溶质吸附。水是很强的极性物质，极性溶质在水中的吸附量随着溶质极性的增强，吸附作用减小。羟基、羧基、硝基、腈基、磺基、胺基等都能增加分子的极性，对吸附是不利的。

② 吸附剂的性质

吸附量的多少随着吸附剂表面积的增大而增加，吸附剂的孔径、颗粒度等都影响比表面积的大小，从而影响吸附性能。不同的吸附剂，用不同的方法制造的吸附剂，其吸附性能也不相同，吸附剂的极性对不同吸附质的吸附性能也不一样。

③ 溶液的性质

pH：pH 对吸附质在溶液中存在的形态(电离、络合)和溶解度均有影响，因而对吸附性能也产生影响。水中的有机物一般在低 pH 值时，电离度较小，吸附去除率高。活性炭吸附剂在低 pH 值时，表面上的负电荷将随着溶液中氢离子浓度的增加而中和，使活性炭具有更多的活化表面，吸附性能变得更好。

温度：因吸附反应通常是放热的，因此温度越低对吸附越有利，但是在水处理中，一般温度变化不大，因而温度的影响往往很小，常常可以不加考虑。

共存物质：其影响较复杂，有的可以相互诱发吸附，有的能独立地被吸附，有的则相互起干扰作用。水溶液中有相当于天然水含量的无机离子共存时，对有机物的吸附几乎没有什么影响。当有汞、铬、铁等金属离子在活性炭表面氧化还原发生沉积时，会使活性炭的孔径变窄，其结果妨碍了有机物的扩散。悬浮物会堵塞吸附剂的孔隙，油类物质会在吸附剂表面形成油膜，均对吸附有很大影响。

5.2.2 吸附剂

所有的固体表面可以说都或多或少地具有吸附作用，而作为工业用的吸附剂，必须具有较大的比表面积，较高的吸附容量，良好的吸附选择性、稳定性、耐磨性、耐腐蚀性、较好的机械强度，并且具有价廉易得等特点。常用的工业吸附剂有以下几种：

(1)活性白土、漂白土、硅藻土等天然矿物质：其主要成分是 SiO_2、Al_2O_3、Fe_2O_3。经适当加工活化处理后即可作为吸附剂使用，虽然吸附容量不大，选择吸附分离能力低，但这些天然材料来源广泛。

(2)活性炭：活性炭是煤、重油、木材、果壳等含碳类物质加热炭化，再经药剂(如氯化锌、氯化锰、磷酸等)或水蒸气活化，制成的多孔性炭结构的吸附剂。活性炭的性质由于原料和制备方法的不同相差很大。按孔径分，碳分子筛在 10Å 以下，活性焦炭在 20Å

以下，活性炭在50Å以下；按原料分可为果壳系、泥炭褐煤系、烟煤系和石油系；按形态分，可分为粉末活性炭、颗粒活性炭、纤维活性炭等。活性炭具有吸附容量大、性能稳定、抗腐蚀，在高温解吸时结构热稳定性好、解吸容易等特点，可吸附解吸多次反复使用，被广泛用于环境保护和工业领域。

（3）硅胶：硅胶是一种坚硬、多孔结构的硅酸聚合物颗粒，其分子式为$SiO_2 \cdot nH_2O_2$，是用酸处理硅酸钠水溶液生成的凝胶。控制其生成、洗涤和老化的条件，可调节和控制比表面积、孔体积和孔半径的大小。硅胶是极性吸附剂，对极性的含氮或含氧物质如酚、胺、吡啶、水、醇等易于吸附，对非极性物质吸附较难。

（4）活性氧化铝：一般都不是纯的Al_2O_3，而是水合物的无定形凝胶和氢氧化物晶体构成的多孔刚性骨架结构的物质。由铝的水合物加热脱水、活化而制成。水合物的结构和形态以及制备条件都影响产品的性质。

活性氧化铝是没有毒性的坚硬颗粒，对多数气体性质稳定，在水或液体中不溶胀、软化或崩碎破裂，抗冲击和耐磨损的能力强。

（5）沸石分子筛：沸石分子筛是以通式（M^{2+}、M^{+}）$O \cdot Al_2O_3 \cdot nSiO_2 \cdot mH_2O$表示的铝硅酸盐晶体，是种孔径大小均一的吸附剂，$M^{2+}$、$M^{+}$为二价或一价金属离子，$n$为硅铝比，$m$为结晶水分子数。沸石分子筛具有许多孔穴和微孔，因此具有很大的内表面积，吸附容量大。沸石分子筛的孔径大小均匀一致，只能吸附能通过孔道的分子。人工合成沸石是极性吸附剂，对极性分子具有很大的亲和力，能根据溶质极性的不同进行选择性吸附。

分子筛的化学稳定性、耐热稳定性、抗酸碱能力、机械强度、耐磨损性都较差。除了人工合成沸石外，我国天然沸石资源丰富，价格低廉，亦具有沸石分子筛的性能。天然沸石因成因和晶体结构不同，种类繁多，性质相差也较大，天然沸石离子交换容量和选择性较低，工业上常用改性的沸石。

（6）吸附树脂：吸附树脂是具有巨大网状结构的合成大孔径树脂。由苯乙烯、吡啶等单体和乙二烯苯共聚而成。这些大孔径树脂具有非极性到高极性多种类型，除价格较活性炭贵外，它的物理化学性能稳定，品种较多，可按不同的需求选择使用。

（7）腐殖酸类吸附剂：主要有天然的富含腐殖酸的风化煤、泥煤、褐煤等，它们可以直接使用或经简单处理后使用；将富含腐殖酸的物质用适当的黏合剂可制备成腐殖酸系树脂。

腐殖酸是一组芳香结构的，性质与酸性物质相似的复杂混合物。它含的活性基团有酚羟基、羧基、醇羟基、甲氧基、羰基、醌基、胺基、磺酸基等。这些活性基团有阳离子吸附性能。腐殖酸对阳离子的吸附，包括离子交换、螯合、表面吸附、凝聚等作用。

腐殖酸类物质能吸附工业废水中的许多金属离子，如汞、铬、锌、镉、铅、铜等。腐殖酸类物质在吸附重金属离子后，可以用H_2SO_4、HCl、NaCl等进行解吸。目前，这方面的应用还处于试验、研究阶段，还存在吸附（变换）容量不高，适用的pH值范围较窄，机械强度低等问题，需要进一步研究和解决。

5.2.3 吸附工艺和设备

吸附操作可以间歇方式进行，也可以连续方式进行。但不论何种方式，吸附操作均应包括下列三个步骤：

① 流体与固体吸附剂进行充分接触，使流体中的吸附质被吸附在吸附剂上；

② 将已吸附吸附质的吸附剂与流体分离；

③ 进行吸附剂的再生或更换新的吸附剂。

因此，在吸附工艺流程中，除吸附装置本身外，一般都须具有脱附及再生设备。吸附装置主要的结构形式有以下几种：

（1）混合接触式吸附装置

混合接触式吸附装置是一带有搅拌的吸附池(槽)，将污水和吸附剂投入池内进行搅拌，使其充分接触，然后静置沉淀，排除澄清液，或用压滤机等固液分离设备间歇地把吸附剂从液相中分离出来，此法多用于小型的处理和试验研究，因操作是间歇进行的，所以生产上一般要用两个吸附池交替工作，吸附剂添加量为0.1%~0.2%。被处理液和吸附剂仅接触一次为单级吸附；被处理液也可多次和吸附剂接触，进行多级吸附。多级吸附有逆流和并流两种，并流吸附中被处理液在每级中都和新的吸附剂相接触，而逆流多级吸附，被处理液多次逆流和吸附剂接触。

（2）固定床吸附装置

固定床吸附装置把颗粒状的吸附剂装填在吸附装置(柱、塔、罐)中，使含有吸附质的流体流过吸附装置时，进行吸附，这是污水处理中最常使用的方式。

固定床吸附装置有立式、环式、卧式等多种形式，如图5-11所示。

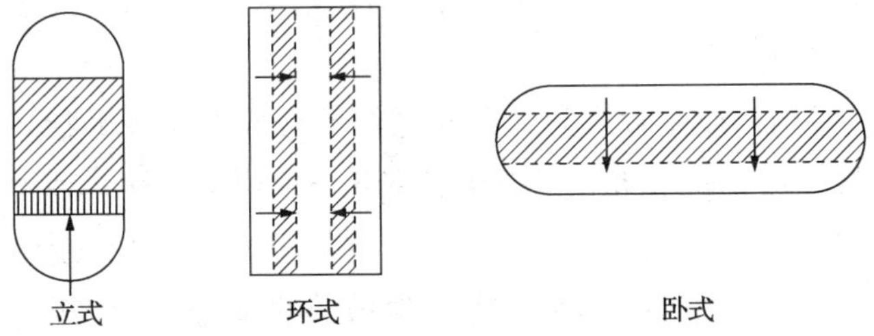

图5-11 固定床吸附装置示意图(一)

固定床吸附可采用单床，也可采用多床串联以及多床并联，如图5-12所示。

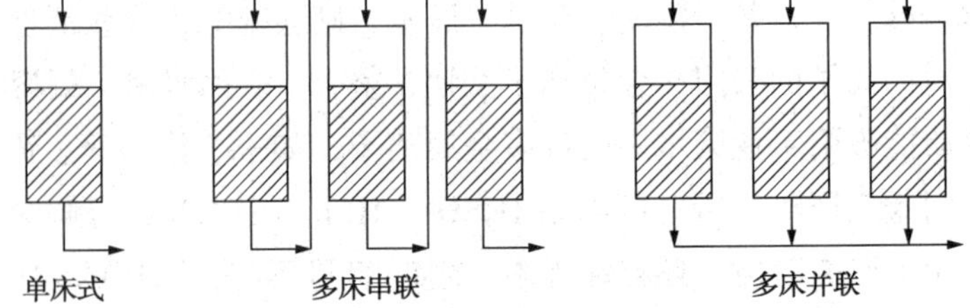

图5-12 固定床吸附装置示意图(二)

多床串联采用逆流操作时，随着床数的增加则接近于下述的移动床。吸附床数多能提高吸附剂的利用率。

多床串联时一般采用轮回式，即第一循环按第一、第二、第三……塔的顺序通入流体，当第一吸附塔没有吸附能力时，第一塔进行再生或更换新的吸附剂，此时的循环将是从第二塔开始，按第二、第三……第一的顺序进行。

固定床一般多用于处理量少或处理量虽多而被吸附物质的量少的场合。为防止床层堵塞，含悬浮物的污水一般先经过砂滤等预处理再进行吸附处理。

(3) 移动床吸附装置

在移动床内，被处理流体由塔下部进入，和吸附剂呈逆流接触，再从塔的上部排出。由塔的上部每隔一定时间加入一些新鲜的吸附剂，同时由塔的下部取出几乎吸附饱和的吸附剂进行再生，通常占床层总量5%～10%的吸附剂一日数次被取出再生。这种方式，吸附剂的利用效率比固定床高、设备占地面积小。这种装置与前述的多床串联装置原理基本相同，而只要一个吸附塔，因此建设投资费用节省。

(4) 流化床吸附装置

被处理液体向上流过细颗粒吸附剂床层时，如流速较低，则流体从粒间空隙流过而粒子不动，这就是固定床。如流速逐渐增加，则粒子间的间距开始增大，少数粒子出现翻动，床层体积有所增大，称为膨胀床。而一旦流速达到某一极限后，液体与粒子间的摩擦力与粒子的重力相平衡，而使粒子都浮动起来称为流化床，这种状态称为临界流态化，这时的空床线速称为临界流化速度或最小流化速度。如流速进一步增加，将导致床层均匀地逐渐膨胀，粒子分散在整个床层中，床层波动较小称散式流化。如流速增至可以带出颗粒时，粒子将被流体带出吸附设备，这就如同流体输送了。

流化床是吸附剂处于流化状态操作的吸附装置。颗粒吸附剂在流化状态下具有与流体相似的流动性能，因此具有接触面积大，传质效果好，避免了原水中的悬浮物在吸附层上的沉积，不需要像固定床进行反冲洗等优点。但流化床稳定操作要求高，要有熟练的技术，其吸附剂的磨损大，对吸附剂粒径要求均匀等，是流化床存在的缺点，因此在水处理等工程中应用较少。

5.2.4 吸附法在污水处理中的应用

由于吸附法对进水的预处理要求高，吸附剂的价格昂贵，因此在废水处理中，吸附法主要用来去除废水中的微量污染物，达到深度净化的目的。或是从高浓度的废水中吸附某些物质达到资源回收和治理目的。如废水中少量重金属离子的去除、有害的生物难降解有机物的去除、脱色除臭等。现举例如下：

(1) 吸附法除汞

活性炭有吸附汞和汞化合物的性能，但因其吸附能力有限，只适于处理含汞量低的废水。

某工厂将活性炭用于含汞废水的最终处理，其流程如图5-13所示。该厂的废水量不大(10~20m^3/d)，但含汞的浓度较高，因此先用化学沉淀法(如 Na_2S，同时加石灰和硫酸亚铁)处理，处理后废水含汞约 1mg/L，高时达 2~3mg/L，不符合排放标准。然后，用活性炭作进一步处理。有两个间歇式吸附池，每池容积 40m^3，交替工作，池内共盛放 2.7t 活性炭(相当于池水的 5%左右)。当某池盛满废水后，用压缩空气搅拌 30min，再静置 2h，经取样测定废水含汞量符合排放标准(≤0.05mg/L)后，排放上清液。活性炭每年更换一次，用加热干馏法再生(干馏温度 1000℃)，可取得纯净的汞。

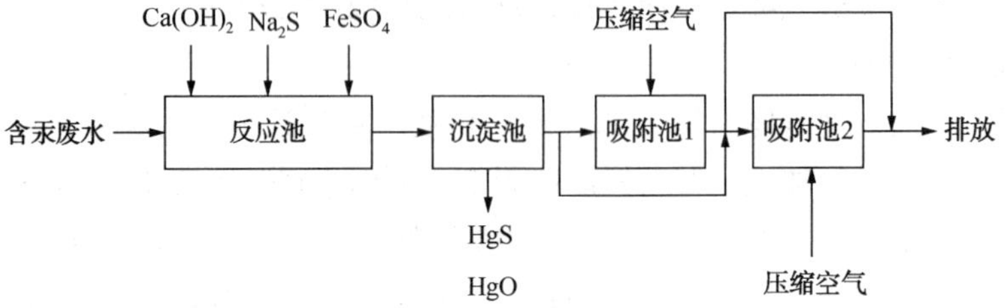

图 5-13　吸附法除汞流程

(2) 炼油厂、印染厂废水的深度处理

某炼油厂含油废水，经隔油、气浮和生物处理后，再经砂滤和活性炭过滤深度处理。废水的含酚量从 0.1mg/L(生物处理后)降至 0.005mg/L，氰从 0.19mg/L 降至 0.048mg/L，COD 从 85mg/L 降至 18mg/L。

(3) 芳香磺酸类有机废水的治理和资源回收

重庆市某化工厂生产 2-萘酚，它是一种重要的染料中间体。在生产过程中产生含高浓度萘磺酸钠的母液废水，经吹萘后形成的吹萘废水 COD 值高达 20000mg/L 左右，废水中的主要有机物是 β-萘磺酸钠和 α-萘磺酸钠，同时含有 6%左右的无机盐。该废水很难生物处理。经采用络合吸附树脂 ND-910 与复合功能吸附树脂 NDA-99 二级吸附加氧化的组合工艺，废水经处理后可直接达标排放，同时可从每吨废水中回收约 5~8kg 的萘磺酸钠。年回收萘磺酸钠超过 1000t。

江苏某化工厂生产 4,4′-二氨基二苯基乙烯-2,2′-二磺酸(DSD 酸)。DSD 酸是重要的染料中间体，是以对硝基甲苯为原料，经磺化、氧化、缩合和还原等反应制得。生产工艺中氧化工段产生的废水颜色深、酸性强、无机盐含量高，COD 高达 20000mg/L，色度高达 25000 倍。经采用络合吸附树脂 ND-900 与复合功能吸附树脂 NDA-88 二级串联吸附工艺，COD 去除率达到 95%以上，色度可降到 100 倍左右。

(4) 芳香胺类有机废水的治理和资源回收

江苏某化工厂生产邻甲苯胺和对甲苯胺。它们都是重要的有机中间体，毒性很大。在其生产过程中产生大量废水，COD 分别达到 37000mg/L 和 21000mg/L，色度高且可生物降解性差。经采用胺基修饰复合功能吸附树脂处理该废水，COD 去除率均达到 94%左右，还从废水中回收了大部分邻甲苯胺和对甲苯胺，平均每吨废水中可回收邻甲苯胺产品 8~10kg，对甲苯胺产品 4~6kg。每年回收的产品价值在抵偿设备运行费用后还略有盈余。

5.3 离子交换法

离子交换法是水处理中软化和除盐的主要方法之一。在污水处理中，主要用于去除污水中的金属离子。离子交换的实质是不溶性离子化合物(离子交换剂)上的交换离子与溶液中的其他同性离子的交换反应，是一种特殊的吸附过程，通常是可逆性化学吸附。

离子交换是可逆反应，对 $RA+B^+ \rightleftharpoons RB+A^+$ 的反应，在平衡状态下，树脂中及溶液中的反应物浓度符合下列关系式：

$$K=\frac{[RB][A^+]}{[RA][B^+]}=\frac{[RB]/[RA]}{[B^+]/[A^+]} \tag{5-19}$$

式中 $[RB]$、$[RA]$——树脂中 B^+、A^+的离子浓度；

$[A^+]$、$[B^+]$——溶液中 A^+、B^+的离子浓度；

K——平衡选择系数，同一种树脂对不同离子交换反应的平衡选择系数不同，K 值为树脂中 B^+与 A^+浓度的比率与溶液中 B^+与 A^+浓度的比率之比。选择系数大于 1，说明该树脂对 B^+的亲和力大于 A^+的亲和力，亦即有利于进行 B^+交换反应。

5.3.1 离子交换剂

水处理中用的离子交换剂主要有磺化煤和离子交换树脂。磺化煤利用天然煤为原料，经浓硫酸磺化处理后制成，但交换容量低、机械强度差、化学稳定性较差，已逐渐为离子交换树脂所取代。

离子交换树脂是人工合成的高分子聚合物，由树脂本体(又称母体或骨架)和活性基团两部分组成。生产离子交换剂的树脂母体最常见的是苯乙烯的聚台物，是线性结构的高分子有机化合物。在原料中，常加上一定数量的二乙烯苯作交联剂，使线状聚合物之间相互交联，成立体网状结构。树脂的外形呈球状颗粒，粒径为 0.6~1.2mm(大粒径树脂)，0.3~0.6mm(中粒径树脂)，或 0.02~0.1mm(小粒径树脂)。树脂本身不是离子化合物，并无离子交换能力，需经适当处理加上活性基团后，才具有离子交换能力。活性基团由固定离子和活动离子(或称交换离子)组成。固定离子固定在树脂的网状骨架上，活动离子则依靠静电引力与固定离子结合在一起，两者电性相反电荷相等。

离子交换树脂按树脂的类型和孔结构的不同可分为：凝胶型树脂、大孔型树脂、多孔凝胶型树脂、巨孔型(MR 型)树脂和高巨孔型(超 MR 型)树脂等。

离子交换树脂按活性基团的不同可分为：含有酸性基团的阳离子交换树脂，含有碱性基团的阴离子交换树脂，含有胺羧基团等的螯合树脂，含有氧化还原基的氧化还原树脂及两性树脂等。其中，阴、阳离子交换树脂按照活性基团电离的强弱程度，又分为强酸性(离子性基因为—SO_3H)、弱酸性(离子性基团为—COOH)、强碱性(离子性基团为—NOH)和弱碱性(离子性基团有—NH_3O、—NH_2OH、—NHOH)树脂。

5.3.2 离子交换树脂的选用

目前，我国生产的离子交换树脂的品种很多，价格差别很大。而污水的成分复杂，要求处理的程度各异，因此，合理地选择离子交换树脂，在生产和经济上都有重大意义。严格地讲，对于不同的污水，应通过一定的试验以确定合适的离子交换树脂牌号和采用的流程。

（1）离子交换树脂的有效 pH 值范围

由于交换树脂的活性基团分为强酸、弱酸、强碱和弱碱性，水的 pH 值势必对其造成影响。强酸、强碱性交换树脂的活性基团电离能力强，其交换能力基本上与 pH 值无关。弱酸性交换树脂在水的 pH 值低时不电离或仅部分电离，因此只能在碱性溶液中才有较高的交换能力；弱碱性交换树脂则在水的 pH 值高时不电离或仅部分电离，只能在酸性溶液中才有较高的交换能力。各类型交换树脂的有效 pH 值范围见表 5-1。

表 5-1 各类型交换树脂的有效 pH 值范围

树脂类型	强酸性离子交换树脂	弱酸性离子交换树脂	强碱性离子交换树脂	弱碱性离子交换树脂
有效 pH 值范围	1~14	5~14	1~12	1~7

（2）交换容量

交换容量是离子交换树脂最重要的性能，它定量地表示树脂交换能力的大小。交换容量的单位是 mol/kg(干树脂)或 mol/L(湿树脂)。交换容量又可分为全交换容量与工作交换容量。前者指一定量的树脂所具有的活性基团或可交换离子的总数量，后者指树脂在给定工作条件下实际的交换能力。

树脂的全交换容量可由滴定法测定。同时，在理论上也可以从树脂的单元结构式粗略地计算出来。以苯乙烯型强酸性阳离子交换树脂为例，我们可以把它看成是由如下的单元所构成，其单元结构式及相对分子质量为：

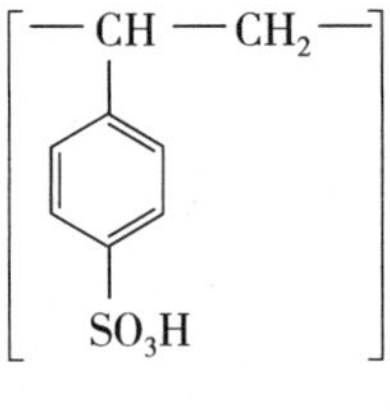

$M_r = 184.6$，即每 184.6g 树脂中含有 1g 可交换离子 H^+。因此，每克树脂具有可交换离子 H^+ 为 $\frac{1}{184.6}$ mol/g = 0.00542mol/g 或 5.42mol/kg(干树脂)。扣去交联剂部分(按质量分数 8%计)，则强酸性交换树脂的全交换容量应为 5.42mol/kg×92% = 4.98mol/kg(干树脂)。该数值与实际测定结果大致符合。

（3）交联度

树脂合成时采用的交联剂(如二乙烯苯)的用量，影响树脂分子的交联度。交联度对树脂的许多性能具有决定性的影响。交联度的改变将引起树脂的交换容量、含水率、溶胀度、机械强度等性质的改变。交联度较高的树脂，孔隙率较低，密度较大，离子扩散速率较低，对半径较大的离子和水合离子的交换量较小。浸泡在水中时，水化度较低，形变较小，也就比较稳定，不易碎裂。水处理中使用的离子交换树脂，交联度为7%~10%。

(4) 交换势

前已述及，离子交换是可逆反应，可利用化学中的质量作用定律解释离子交换平衡规律。对同一种交换树脂 RH 讲，交换反应的平衡选择系数 K 值随交换离子 M^+ 而异。K 值愈大，表明交换离子愈容易取代树脂上的可交换离子，也就表明交换离子与树脂之间的亲和力愈大，通常说这种离子的交换势很大；反之，K 值愈小，通常就说交换势愈小。当含有多种离子的废水同离子交换树脂接触时，交换势大的离子必然最先同树脂上的离子进行交换。

我们可做一简单的实验，把含有铝、钙、钠离子的水溶液缓慢地流过一个阳离子变换树脂床(见图 5-14)。如果在交换床的不同深度处采样化验，则将发现上层的水样中已经没有铝离子，中层的水样中只有钠离子，下层的水样中三种离子基本上都没有了，已全部被离子交换树脂中的氢离子所替代。

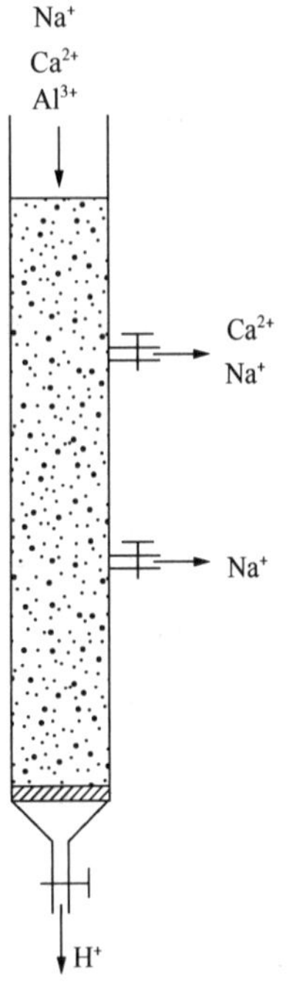

图 5-14 多离子污水的离子交换

这个现象表明离子交换树脂对交换离子有“选择”性，先交换交换势大的离子，后交换交换势小的离子。这里还有一个交换量问题，不同离子的交换量往往也同它们的交换势有关。此外，离子的大小有时也影响交换势。

关于不同离子的交换势大小的解释有多种理论，但是，由于影响的因素还不是很清楚，因此关于离子交换势的规律还需依靠实践，下面介绍的一些规律可供参考：

① 离子的交换势，除同它本身和离子交换树脂的化学性质有关外，温度和浓度的影响也很大。

② 常温和低浓度水溶液中，阳离子的化合价愈高，它的交换势愈大。例如：按交换势排列有：$Th^{4+}>Al^{3+}>Ca^{2+}>Mg^{2+}>K^+>NH_4^+>Na^+>H^+>Li^+$。

③ 在常温和低浓度水溶液中，等价阳离子的交换势，一般是原子序数愈高，交换势愈大；但是稀土元素情况正好相反。

④ 氢离子对阳离子交换树脂的交换势，取决于树脂的性质。对强酸性阳离子交换树脂，氢离子的交换势介于钠离子和锂离子之间，但是，对弱酸性阳离子交换树脂，氢离子具有最强的交换势，居于交换序列的首位。

⑤ 在常温和低浓度水溶液中，对弱碱性阴离子交换树脂而言，酸根(阴离子)的交换序列如下：$SO_4^{2-}>CrO_4^{2-}>$柠檬酸根$>$酒石酸根$>NO_3^->AsO_4^{3-}>PO_4^{3-}>MoO_4^{2-}>$乙酸根、$I^-$、$Br^->Cl^->F^-$。但弱碱性阴离子交换树脂对碳酸根和硫离子的交换能力很弱，对硅酸、苯

酚、硼酸和氰酸等弱酸不起反应。

⑥ 对强碱性阴离子交换树脂，离子的交换势随树脂的性质而异，没有一般性的规律。

⑦ 氢氧根对阴离子交换树脂的交换势取决于树脂类型。对弱碱性阴离子交换树脂，氢氧根居于交换序列的首位；对强碱性阴离子交换树脂，则介于氯离子和氟离子之间。

⑧ 离子价位高的有机离子和金属络合离子的交换势特别大。

⑨ 大孔型树脂具有很强的吸附性能，往往可以吸附废水中的非离子型杂质。例如，弱碱性阴离子交换树脂能吸附废水中的氯酚。

⑩ 高浓度时，上述次序不再适用。再生时，提高 Na^+浓度，可使 Na^+换 Ca^{2+}。

5.3.3 离子交换的工艺和设备

离子交换装置，按照进行方式的不同，可分为固定床和连续床两大类：

离子交换装置
- 固定床
  - 单层床
  - 双层床
  - 混合床
- 连续床
  - 移动床
  - 流动床

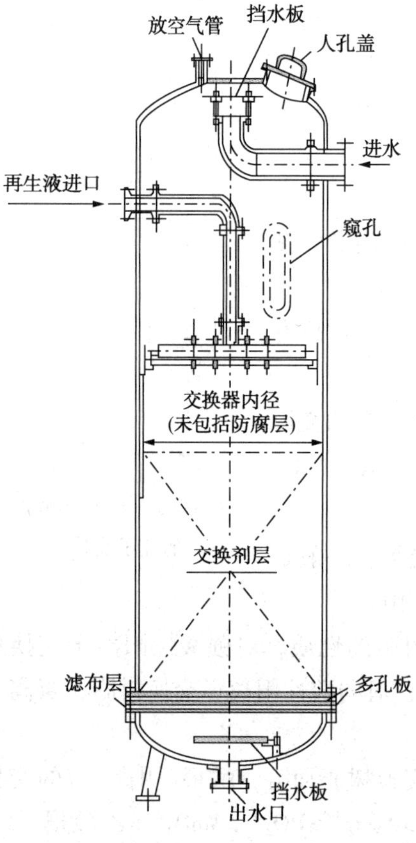

图 5-15 固定床离子交换器

在废水处理中，单层固定床离子交换装置是最常用、最基本的一种形式。下面将主要介绍这种装置。在固定床装置中，离子交换树脂装填在离子交换器内，形成一定高度。在整个操作过程中，树脂本身都固定在容器内而不往外输送。

用于废水处理的离子交换系统般包括：预处理设备(一般采用砂滤器，用于去除悬浮物，防止离子交换树脂受污染和交换床堵塞)、离子交换器和再生附属设备(再生液配制设备)。

常用的固定床离子交换器如图 5-15 所示。

离子交换的运行操作包括四个步骤：交换、反洗、再生、清洗。

(1) 交换

离子交换器的阀门配置如图 5-16 所示。操作时，开启进水阀①和出水阀②，其余阀门关闭。交换过程主要与树脂层高度、水流速度、原水浓度、树脂性能以及再生程度等因素有关。当出水中的离子浓度达到限值时，应进行再生。

(2) 反洗

反洗的目的在于松动树脂层，以便下一步再生时，注入的再生液能分布均匀，同时也及时地清除积存在树脂层内的杂质、碎粒和气泡。反洗前先关闭阀门①和②，打开反洗进水阀③，然后再逐渐开大排水阀④进行反洗，反洗用原水。反洗使树脂层膨胀 40%~60%。反冲流速约 15m/h，历时约 15min。

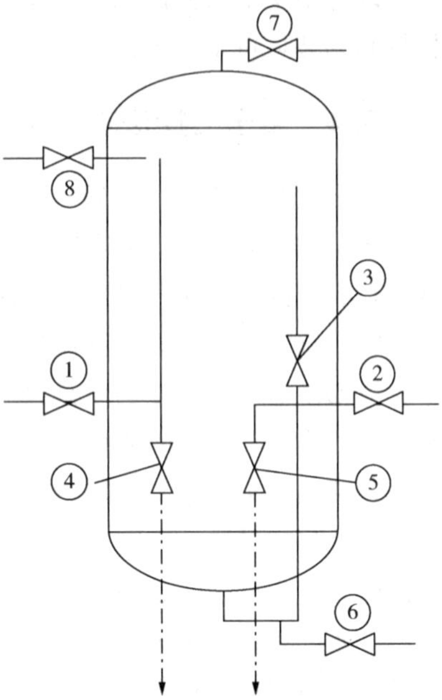

图 5-16 离子交换器的阀门配置图
①—进水阀；②—出水阀；
③—反洗进水阀；④—反洗排水阀；
⑤—清洗排水阀；⑥—底部放水阀；
⑦—排气阀；⑧—进再生液阀

（3）再生

再生前先关闭阀门③和④，打开排气阀⑦及清洗排水阀⑤，将水放到离树脂层表面 10cm 左右，再关闭阀门⑤，开启进再生液阀⑧，排出交换器内空气后，即关闭阀门⑦，再适当开启阀门⑤，进行再生。再生过程也就是交换反应的逆过程。借助具有较高浓度的再生液流过树脂层，将先前吸附的离子置换出来，使其交换能力得到恢复，再生是固定床运行操作中很重要的一环。

再生液的浓度对树脂再生程度有较大影响。当再生剂用量一定时，在一定范围内，浓度越大再生程度越高；但超过一定范围，再生程度反而下降。对于阳离子交换树脂，食盐再生液浓度一般采用 5%~10%；盐酸再生液浓度一般用 4%~6%；硫酸再生液浓度则不应大于 2%，以免再生时生成 $CaSO_4$ 黏着在树脂颗粒上。

（4）清洗

清洗时，先关闭阀门⑧，然后开启阀门①及⑤。清洗水最好用交换处理后的净水。清洗是将树脂层内残留的再生废液清洗掉，直到出水水质符合要求为止。清洗用水量一般为树脂体积的 4~13 倍。

固定床离子交换器的设计计算，根据物料平衡原理，可得如下基本公式：

$$AhE=Q(c_0-c)T \tag{5-20}$$

式中 A——离子交换器截面积，m^2；

h——树脂层高度，m；

E——交换树脂的工作交换容量，一般是全交换容量的 60%~80%，mmol/L；

Q——废水平均流量，m^2/h；

c_0——进水浓度，mmol/L；

c——出水浓度，mmol/L；

T——交换周期，h。

一般离子交换器都有定型产品。它的尺寸和树脂装填高度亦已相应规定。此时，可按上式计算交换周期。如自行设计，则可考虑 h 用 1.5~2.0m，交换周期一般按 8~10h，按上式可以算出交换器截面积和交换器直径。根据交换器截面积和树脂层高度，也就可算出交换树脂的装填量 $V=A \cdot h$。

5.3.4 离子交换法在废水处理中的应用

(1) 电镀含铬废水的处理

生产实践表明，在电镀车间铬镀槽的洗涤水闭路循环系统中采用离子交换法分离、回收铬酸是有效的。采用的阳离子交换剂是 732 强酸性树脂，阴离子交换剂是 710 大孔型弱碱性树脂。铬镀槽洗涤水闭路循环系统的流程如图 5-17 所示。

铬镀槽洗涤水的主要杂质是铬酸，也含有一些其他的阴、阳离子和不溶解杂质。从洗涤水中除铬酸主要是去除铬酸根，只要用阴离子交换柱就行了。但为了保证回收铬酸的纯度，从漂洗槽流来的水需先经过阳离子交换柱，然后流过阴离子交换柱。同理，阴离子交换剂再生前最好被铬酸根离子所饱和，即它的全部可交换氢氧根离子都被铬酸根离子所置换，以使它不含其他阴离子。这样，在阴离子交换柱工作的后期就不能保证出水水质符合漂洗槽进水的要求；为了保证出水水质，在工作后期，从阴离子交换柱流出的水，要再流过另一个阴离子交换柱，在流程图(图 5-17)中用虚线箭头表示。

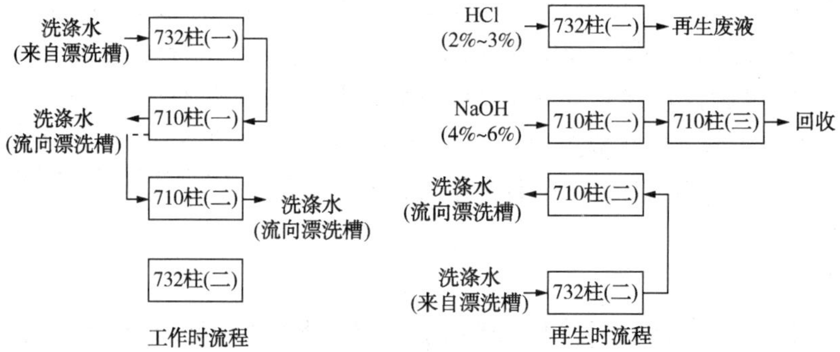

图 5-17 铬镀槽洗涤水闭路循环系统流程

饱和的离子交换剂再生所需要的时间比较长，而洗涤水流量又比较大，因而阳离子交换柱也设置两个，以便当一组交换柱因饱和而进行再生时，另一组交换柱可以维持工作的连续进行。

阴离子交换剂被铬酸根所饱和后用氢氧化钠溶液再生，洗脱树脂上的铬酸根，使它恢复为氢氧型阴离子交换剂，再生排出的氢氧化钠和铬酸钠混合溶液，流过阳离子交换柱时转化为很纯的铬酸溶液。

被钠或其他金属离子所饱和的阳离子交换剂用稀盐酸再生，恢复为氢型的阳离子交换剂。再生排出的废液为酸性的氯化物溶液，中和后排放沟道。废液有时含有重金属离子(虽然含量很低)，应当回收重金属离子后再排放，这是需要进一步研究解决的。

(2) 离子交换法处理含汞废水：

日本和瑞士的氯碱厂采用阴离子交换树脂和螯合树脂处理含汞(氯化汞络合离子)废

水。进水的 pH 值先调整到 6~8 之间，并用化学品破坏水中氧化物(即调整氧化还原电势)，然后用活性炭滤池过滤，活性炭滤池同时有去除一部分汞和进一步破坏氧化物的作用。然后，将经过预处理的废水通过阴离子交换柱，汞含量下降到 0.1~0.2mg/L；再通过螯合树脂，汞含量可进一步降低到 0.002mg/L。

表 5-2 是离子交换法在废水处理方面的某些应用。

表 5-2　离子交换法在废水处理方面的某些应用

废水种类	有害离子或化合物	离子交换树脂类型	废水出路	再生剂	再生液出路	备注
电镀(铬)废水镀件清洗水	CrO_4^{2-}	大孔型阴离子交换树脂	循环使用	食盐或烧碱	用氢型阳离子交换树脂除钠后回用于生产	
电镀废水	Cr^{3+}、Cu^{2+}	氢型强酸性阳离子交换树脂	循环使用	18%~20%硫酸	蒸发浓缩后回用	
含汞废水	Hg^{2+}、$HgCl_x^{(x-2)-}$	氯型强碱性大孔型阴离子交换树脂	中和后排放	盐酸	回收汞	
黏胶纤维废水	Zn^{2+}	强酸性阳离子交换树脂	中和后排放	硫酸	回用于生产	
放射性废水	各类放射性废水	强酸性阳离子和强碱性阴离子交换树脂	排放	硫酸、盐酸和烧碱	进一步处理	本法只起浓缩作用
氯酚废水	氯酚	弱碱性大孔型离子交换树脂	排放	2%NaOH、甲醇	回收酚及甲醇	

5.4　萃取法

萃取是将一种选定的溶剂加入到待分离的液体混合物中，由于混合物中各组分在该溶剂中溶解度的不同，可以将原料中所需分离的一种或数种成分分离出来。该法具有适用浓度范围广、传质速率快、适于连续操作、产品纯度高、能量消耗少等优点，因此在污染物治理和资源回收工程中广泛应用。

萃取过程是一个传质过程。通过溶剂和原料液的一次或多次接触，被萃取组分通过两相的界面溶解入溶剂形成“萃取相”，部分溶剂溶解入原料液形成“萃余相”。萃取后将此两相分层后分别引出，萃取相借蒸馏、洗涤等方法把其中的溶剂除去进行回收，就得到产品，称“萃取液”。将萃余相中的溶剂除去则得残液，称“萃余液”。每进行一次(称“一级”)萃取，萃取液中所含被萃取组成的浓度就提高一点。为了得到较纯的最终产品，则需进行“多次萃取”直至产品纯度达到指定要求为止。

由此可知，萃取过程包括：①原料液和溶剂进行接触；②使萃取相和萃余相分层；③进行溶剂回收等步骤。

从传质理论知道，原料液与溶剂的每一次接触进行萃取，都有一个限度，即原料液中的各组分只能达到在此条件下溶剂的溶解度，即达到“平衡”。萃取操作中，称这样的过程为一个“理论级”。实际上在生产中的每一个萃取操作过程是不可能达到一个“理论级”的，只能是接近这个理论级。

因此对于液-液萃取设备，既要求能使溶剂与原料液充分接触，尽可能接近理论级，又要求有一定的空间和时间使萃取相和萃余相能够有效地分层以分别引出。同时，为了保证两相有足够大的相对速度和相接触面积以利于传质，萃取装置多为“有外加能量”的设备（如振动、搅拌、脉冲等）。如被萃取的原始物料是固体，则称固-液萃取，本书不作详细介绍。

对溶质浓度比较低、浓度变化范围又不是很大的溶液，在一定温度下进行萃取，若溶质在萃取相及萃余相内的存在形态相同，则萃取达到平衡时，溶质在萃取相与萃余相中的平衡浓度比值为一常数，这种关系称为分配定律。

$$K=\frac{\text{萃取物(溶质)在萃取相中的平衡浓度}}{\text{萃取物(溶质)在萃余相中的平衡浓度}} \tag{5-21}$$

分配系数 K 越大，被萃取组分在萃取相中的浓度越大，分离效果越好，也就越容易被萃取。焦化厂、煤气厂含酚废水的处理，某些萃取剂萃取酚时的分配系数见表 5-3。

表 5-3　某些萃取剂萃取酚时的分配系数(20℃)

溶液名称	苯	重苯	重溶剂油	酯类	醋类	酮类	醇类
分配系数 K	2.2	2.5 左右	2.5 左右	27~50	1~30	10~150	8~25

但实际上，溶液浓度常不可能很低，且由于缔合、解离、络合等原因，溶质在两相中的形态也不可能完全相同，因此分配系数往往不是常数，它受温度和浓度的影响，通常温度上升，分配系数变小。

5.4.1　萃取剂的选择

萃取剂的优劣对于萃取过程的技术经济指标有着直接的影响。一个好的萃取剂，要求具有如下性能：

① 选择性好

即该萃取剂对被萃取组分溶解能力大而对非被萃取组分溶解能力小，这样能使萃取剂用量减少，产品质量提高。

② 萃取剂与原料液有大的密度差

密度差异越大，两相就越容易分层分离。

③ 萃取剂的表面张力

一般希望表面张力大一些，不易产生乳化现象。若表面张力过大则因不易分散而使两相接触不好，影响传质。

④ 萃取过程的能耗

萃取剂的汽化潜热和比热要小，与被萃取物的沸点差要大，使过程能耗低。

⑤ 萃取剂的化学稳定性

萃取剂要求化学稳定性和热稳定性好、无毒、无腐蚀、不易燃烧等。

⑥ 萃取剂的价格

萃取剂要价格低廉易得，资源充分。例如焦化厂、煤气厂、炼油厂的脱酚应用较多的萃取剂，主要是苯、重苯、重溶剂油。由表 5-3 可以看到，苯、重苯、重溶剂油脱酚的分配系数并不大，一般在 2 左右。不过这类试剂多为这些厂的产品，价廉易得，并且可利用厂现有设备再生，故应用较广。酯类、醚类、酮类萃取剂萃取酚的分配系数都较大，但这类萃取剂的水溶性都较大，因此限制了它们的推广应用。

5.4.2 萃取工艺

萃取工艺按不同的分类方式可以分成许多形式，根据操作状态可分为连续式和间歇式；根据萃取次数可分为单级萃取和多级萃取。多级萃取又有错流和逆流两种形式，主要流程如图 5-18 所示。

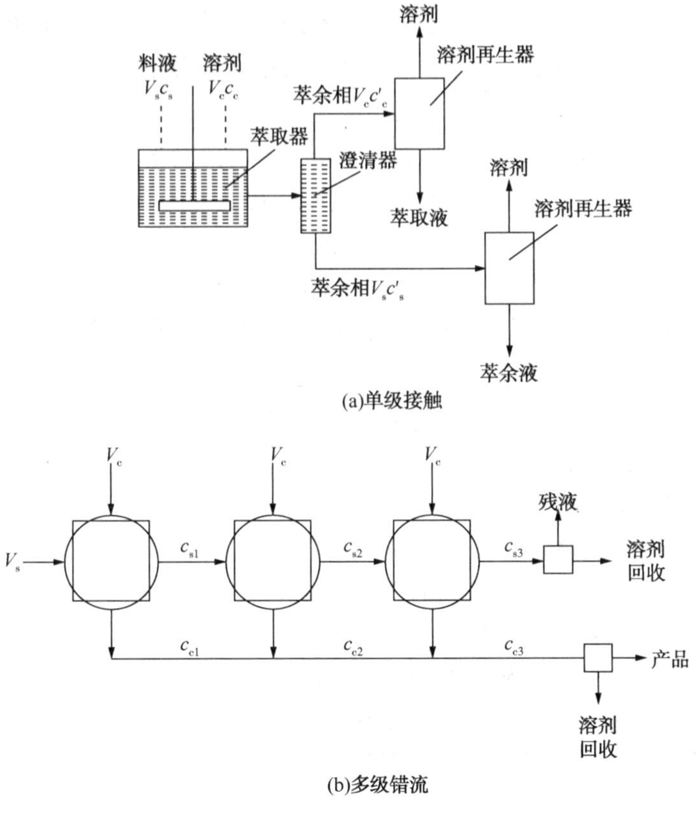

图 5-18　萃取的主要工艺流程

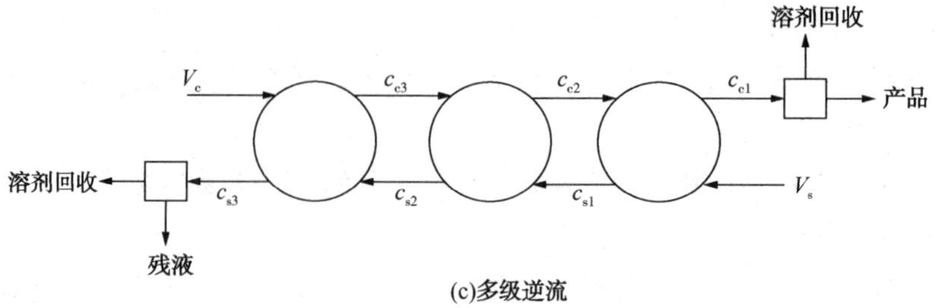

图 5-18　萃取的主要工艺流程(续)

错流萃取，原料液经连续多级错流萃取，每级都用新鲜萃取剂进行萃取。

逆流萃取，原料液和萃取剂分别由第一级和最后一级加入，萃取相和萃余相逆流接触。新鲜萃取剂只在最后一级加入，其余各级都是以后一级的萃取相作萃取剂。

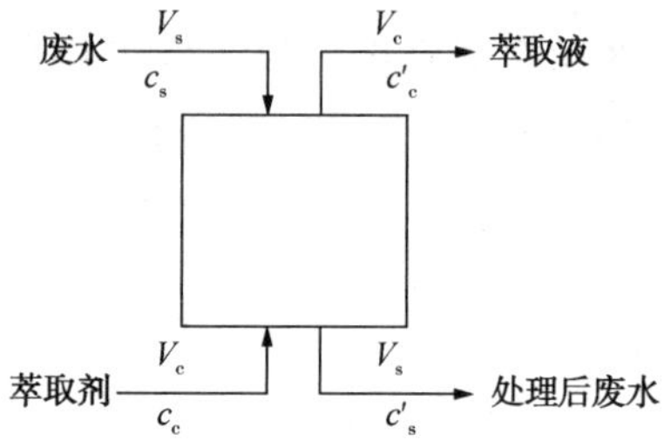

图 5-19　单级萃取流程

单级萃取中萃取剂用量或加入一定萃取剂后，废水中的杂质浓度可根据物料衡算原理计算(即流入萃取系统的萃取物量等于流出萃取系统的萃取物量)，如萃取剂与废水不互溶(或溶解度很小，可忽略)，则萃取相和萃余相都是二元系统。如果萃取剂与水部分互溶，则萃取相与萃余相就是三元系统，三元系统因本书篇幅关系，不作介绍。读者可参考化工原理方面的有关书籍，本书仅对不互溶的二元系统进行一些讨论。参照图 5-19，可得：

$$V_s c_s + V_c c_c = V_s c'_s + V_c c'_c \tag{5-22}$$

或

$$V_s(c_s - c'_s) = V_c(c'_c - c_c)$$

通常，废水的量和浓度与萃取剂的浓度都是已知的，要计算确定萃取剂的量，从上式可得：

$$V_c = V_s(c_s - c'_s)/(c'_c - c_c) \tag{5-23}$$

式中　V_s——废水量，m^3；

V_c——萃取剂量，m^3；

c_s——废水中萃取物质量浓度，mg/L；

c'_s——处理后废水中萃取物质量浓度，mg/L；

c_c——萃取剂中萃取物质量浓度，mg/L；

c'_c——经萃取后的萃取剂(萃取液)中萃取物质量浓度，mg/L。

多级错流萃取的计算，可对被萃取物做各级物料衡算，如每级新鲜萃取剂用量都相等，则经几级错流萃取后，废水的出水浓度：

$$c'_s = \frac{c_s}{\left(1 + K\dfrac{V_c}{V_s}\right)^n} \tag{5-24}$$

由上式可看到使用等量的萃取剂，处理等量的废水，多级错流处理效果要比单级好；或达到同样的处理效果，萃取剂的用量要小。

在多级萃取中，萃取剂用量的确定同单级萃取并无不同，因此适用于单级萃取的物料衡算依然适用于多级萃取(图 5-20)，即：

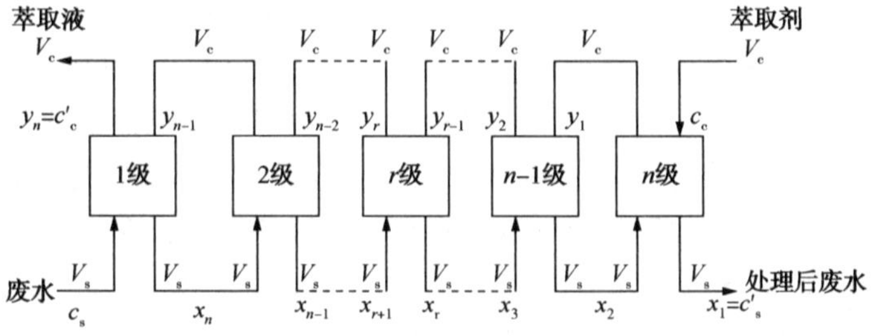

图 5-20　多级错流萃取流程

$$V_c=V_s\frac{c_s-c'_s}{c'_c-c_c} \tag{5-25}$$

但是，在多级萃取中，c'_s和 c'_c；并不发生在同一萃取器中，并不表示在一个平衡状态下的一对相应的平衡浓度。因此 c'_s和 c'_c还不能简单求得，如每级都达到平衡，则可逐级计算求得。但多级逆流萃取，往往是在塔设备中进行逆流萃取。由于接触时间较短等原因，不可能在每一块塔板上都达到平衡，因此过程的推动力是实际浓度 c 和平衡浓度 c'之差，也就是 $c_A-c'_A$和 c'_B-c_B的值都很大，传质速率较快，被传递物质较迅速地从 A 相转入 B 相，A 相的浓度 c_A下降而 B 相的浓度 c_B上升；这样，随着过程的进行，$c_A-c'_A$和 c'_B-c_B的值逐渐变小，传质速率逐渐下降；当 c_A下降到 c'_A；c_B上升到 c'_B时，两相达到动态平衡，传质过程停止。

传质过程中的物质传递量与传质的推动力成正比，也同两相接触表面的面积成正比，因此得公式：

$$G=K_AA(c_A-c'_A)=K_AA\Delta c_A \tag{5-26}$$

或：

$$G=K_BA(c'_B-c_B)=K_BA\Delta c_B \tag{5-27}$$

式中　G——单位时间内的物质传递量(即萃取量)，g/h；

Δc_A——A 相的浓度平衡差(即推动力)，mg/L；

K_A——A 相的传质系数(即萃取系数)，m/h；

Δc_B——B 相的浓度平衡差(即推动力)，mg/L；

K_B——B 相的传质系数(即萃取系数)，m/h；

A——两相接触表面的面积，m^2。

萃取过程中的萃取系数值反映萃取效率，除同各物质的性质有关外，还同萃取器性能和萃取操作有关。对间歇操作(成批操作)来说，还同萃取时间(两相接触时间)有关。

5.4.3 萃取设备

萃取设备的形式很多，可以分三大类：罐式(萃取器)、塔式(萃取塔)和离心机式(萃取离心机)，其中塔式设备是最常用的。不论哪种萃取设备，必须完成萃取两相的混合(萃取)与分离。混合要充分，分离更要充分。萃取器通常是间歇操作的，装料、搅拌、静澄和出料四个步骤构成一个循环。萃取塔和萃取离心机则是连续操作的。

萃取器是一个具有搅拌设备的圆筒形容器。在混合时开动搅拌设备，在静澄分离时关闭搅拌设备，搅拌和静澄的时间能够调节。它可以用于单级萃取，也可以用于多级萃取。在用于单级萃取时，多个萃取器可以并联；在用于多级萃取时，多个萃取器可以串联。这种设备较多地用于固-液萃取。

在萃取塔内，重液从顶部流入，从底部流出，而轻液则从底部流入，从顶部流出。在塔身中轻重两液相充分混合、充分接触，完成萃取。在塔顶有充分的空间和断面，让轻液流中的重液相分离出来，从顶部流出的轻液就比较纯净。同样，在塔底也有充分的空间和断面，让重液流中轻液相分离出来，从底部流出的重液就比较纯净。常用的萃取塔有以下几种：

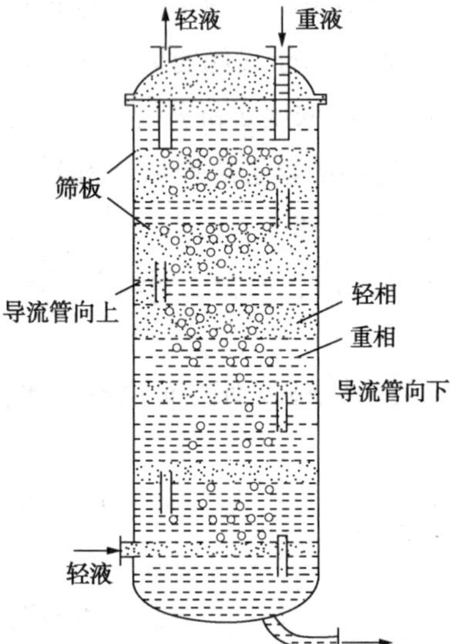

图 5-21　筛板萃取塔

(1) 筛板萃取塔

图 5-21 是一种筛板萃取塔。塔身用筛板(多孔板)分隔成若干段，筛板上附有导流管。塔的上半部各筛板上的导流管都是向上装的，塔的下半部各筛板上的导流管都是向下装的。在塔的上半部，重液为分散相，轻液为连续相，而在塔的下半部，重液为连续相，轻液为分散相。连续相是通过导流管从一段流向另一段的，分散相是通过筛板的孔眼从一段流向另一段的。萃取主要是在分散相透过连续相时完成的。但不是所有的筛板萃取塔都是这样设计的。有的塔，导流管全都向上装，这时重液为分散相；也有导流管全部向下装的塔，这时重液为连续相。通常以流量较大者作为连续相。

筛板上的孔眼尺寸和筛板之间的距离与萃取效率有关。通常，孔径在 1.6~9.6mm 之间，每块筛板上孔眼的总面积约为筛板面积的 10%；筛板间距在 150~600mm 之间。

(2) 脉动筛板萃取塔

萃取塔也可采用“搅拌”，方式有多种，图 5-22 是一种筛板上下脉动的筛板塔。这时，导流管的作用不大，常不设。筛板脉动的幅度和频率影响萃取效率，其值由经验决定。例如，当用重苯萃取含酚废水时，脉动频率一般不超过 400 次/min，在 250~350 次/min 之间较好；脉动幅度在 1~8mm 之间；筛板间距在 100~600mm 之间。

(3) 转盘萃取塔

转盘萃取塔也是一种有搅拌作用的萃取塔。如图 5-23 所示，塔身由若干环形隔板分隔成若干段，每段中央有一块装在一根中心竖轴上的圆盘，竖轴由电动机带动回转，在塔上部的重液入流管和在塔下部的轻液入流管都同塔身相切，液流方向与圆盘旋转方向一致。在圆盘的转动作用下，一相分散，其液滴的大小同转速有关，影响萃取效率。调整圆盘转速，可以获得最佳的萃取条件。塔顶和塔底是分离室，各用环形隔板和网格与入流区分隔，以消除液流的动能，保证分离室不受圆盘转动的影响。

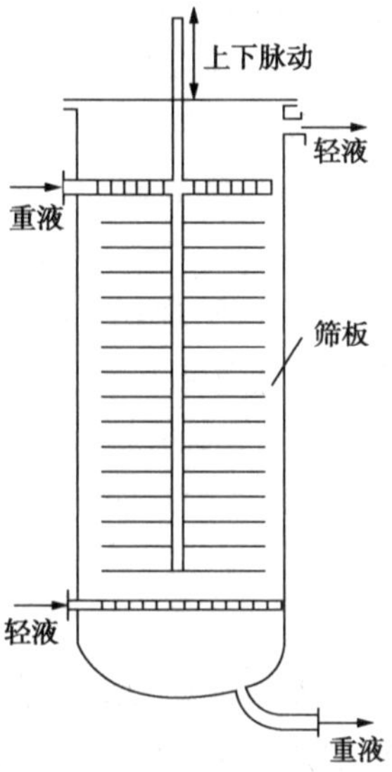

图 5-22　脉动筛板萃取塔

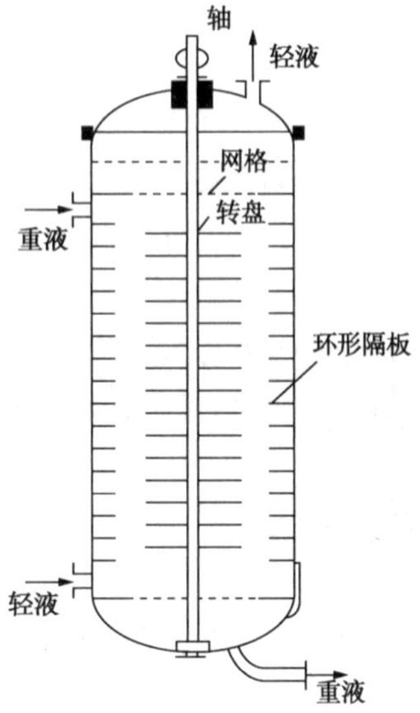

图 5-23　转盘萃取塔

(4) 填料萃取塔

填料萃取塔如图 5-24 所示，塔身填充填料。在操作时，流入萃取塔的重液和轻液通过布液装置较均匀地分布在整个塔的断面上，在流过填料时相互充分接触，完成萃取过程。为了防止液流向塔壁集中，塔壁上常设若干环形隔板，使沿塔壁流动的流体回到中间。实践表明，塔径较大时，效率下降。填料萃取塔不适用于有悬浮物的料液。

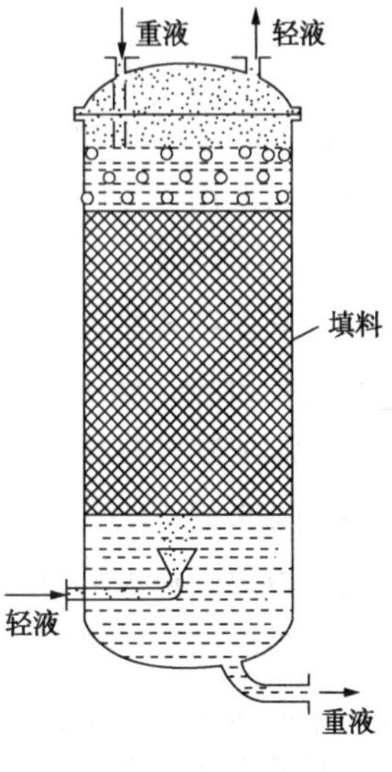

图 5-24　填料萃取塔

5.4.4　萃取法在废水处理中的应用

(1) 萃取法处理含酚废水

煤气厂、焦化厂煤气冷却时形成的冷凝液中含有很多焦油、氨和酚，称为“氨水”。氨水在脱氨以后含有酚 1～3g/L。为了回收有用的酚和避免含酚废水污染环境，常用萃取法进行脱酚。

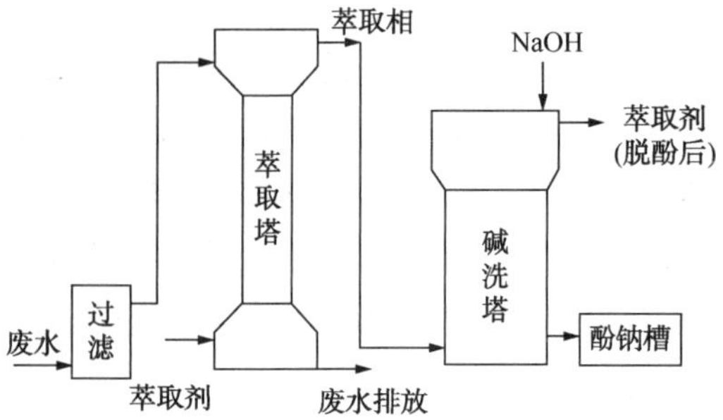

图 5-25　某煤气厂萃取脱酚工艺流程

图 5-25 是某煤气厂用萃取法脱酚的工艺流程。废水的流量为 $8m^3/h$，含酚量为 3000mg/L。利用本厂的产品重苯作为萃取剂。萃取设备采用脉冲筛板塔。从油水分离池流出的废水，经过焦炭过滤器以进一步去除焦油，然后冷却到 40℃左右，进行萃取。在萃取塔中，废水与重苯逆流接触，废水中的酚即转入重苯中。饱含酚的重苯经过碱洗塔(塔内装有浓度为 20%的 NaOH 溶液)得到再生，然后循环使用。从碱洗塔放出的酚钠溶液可作为回收酚的原料。经萃取后，废水中的酚浓度降至 100mg/L 左右，再与厂内其他废水混合后进行生物处理。

(2) 萃取法处理含重金属废水

某铜矿矿石厂废水含铜 0.3~1.5g/L，含铁 4.5~5.4g/L，含砷 10~300mg/L，pH 值=0.1~3。该废水用 N-510 作复合萃取剂，用萃取器进行六级逆流萃取。含铜的萃取剂用 H_2SO_4进行反萃取，再生后重复使用。

5.5　膜析法

膜析法是利用天然或人工合成膜以外界能量或化学位差作推动力对水溶液中某些物质进行分离、分级、提纯和富集的方法的统称。目前有扩散渗析法(渗析法)、电渗析法、反渗透法和超滤法等。

5.5.1　渗析法

人们早就发现，一些动物膜，如膀胱膜、羊皮纸(一种把羊皮刮薄做成的纸)，有分隔水溶液中某些溶解物质(溶质)的作用。例如，食盐能透过羊皮纸，而糖、淀粉、树胶等则不能。如果用羊皮纸或其他半透膜包裹一个穿孔杯，杯中满盛盐水，放在一个盛放清水的烧杯中(图 5-26)，隔上一段时间，我们会发现烧杯内的清水带有咸味，表明盐的分子已经透过羊皮纸或半透膜进入清水。如果把穿孔杯中的盐水换成糖水，则会发现烧杯中的清水不会带甜味。显然，如果把盐和糖的混合液放在穿孔杯内，并不断地更换烧杯里的清水，就能把穿孔杯中混合液内的食盐基本上都分离出来，使混合液中的糖和盐得到分离，这种方法叫渗析法。起渗析作用的薄膜，因对溶质的渗透性有选择作用，故叫半透膜。近年来半透膜有很大的发展，出现很多由高分子化合物制造的人造薄膜，不同的薄膜有不同的选择渗析性。半透膜的渗析作用有三种类型：①依靠薄膜中“孔道”的尺寸分离大小不同的分子或离子。②依靠薄膜的离子结构分离性质不同的离子，例如用阳离子交换树脂做成的薄膜可以透过阳离子，叫阳离子交换膜(图 5-27)；用阴离子树脂做成的薄膜可以透过阴离子，叫阴离子交换膜。③依靠薄膜有选择的溶解性分离某些物质，例如醋酸纤维素膜有溶解某些液体和气体的性能，而使这些物质透过薄膜。一种薄膜只要具备上述三种作用之一，就能有选择地让某些物质透过而成为半透膜。在废水处理中最常用的半透膜是离子交换膜。

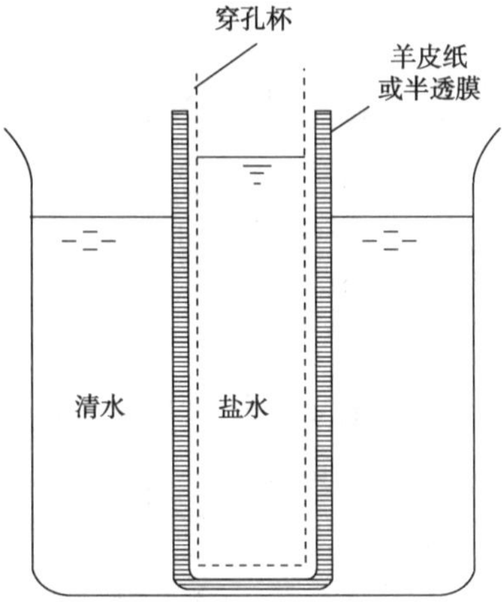

图 5-26　渗析现象

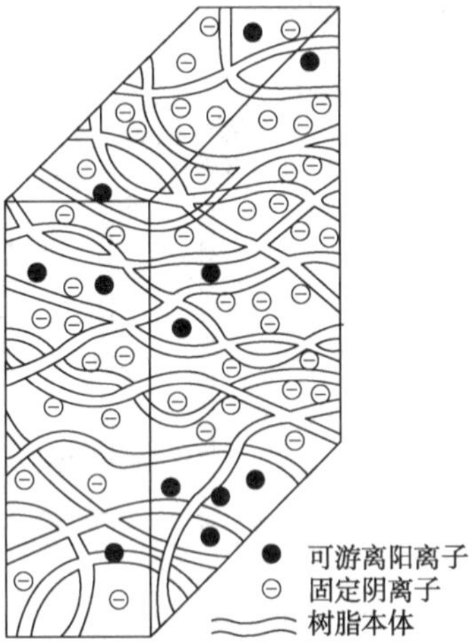

图 5-27　阳离子交换膜示意图

在膜析法中，物质透过薄膜需要动力，目前利用的有三种动力：①分子扩散作用；②电力；③压力。依靠分子自然扩散的是扩散渗析法，简称渗析法。用压力的是反渗透法和超滤法。用电力的是电渗析法。

图 5-28 是一种利用扩散渗析法处理钢铁厂酸洗废水的设备示意图。在渗析槽中装设一系列间隔很近的阴离子交换膜，把整个槽分隔成两组相互为邻的小室。一组小室流入废水，另一组小室流入清水，流向是相反的。由于扩散作用，废水中的氢离子、铁离子和硫酸根离子向清水扩散，但是，由于阴离子交换膜的阻挡，只有硫酸根离子较多地透过薄膜，进入清水；当硫酸根离子透过薄膜时也挟带一些铁离子过去，但这是少量的。这样，酸洗废水中的硫酸和硫酸亚铁就在一定程度上得到了分离。

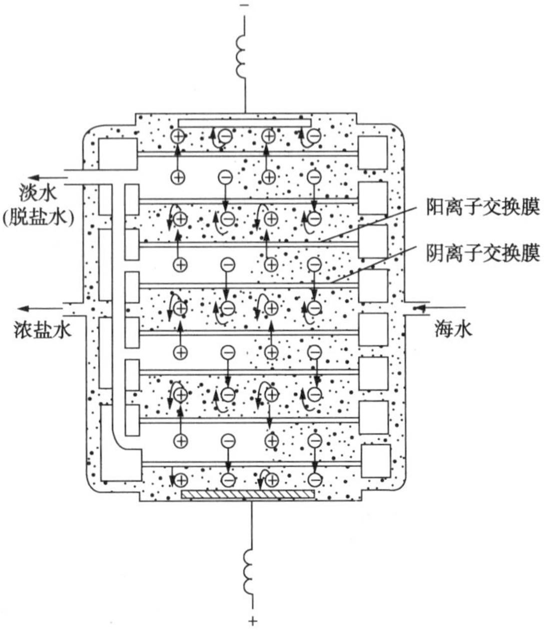

图 5-28　扩散渗析法示意图

5.5.2　电渗析法

图 5-29 是用于海水淡化的电渗析设备示意图，也可以用于含盐废水的浓缩。在电渗析槽中把阴离子交换膜和阳离子交

换膜交替排列，隔成宽度仅 1~2mm 的小室，在槽的两端则分别设阴、阳电极，接通直流电源。海水从渗析槽一侧进入，从另一侧流出。由于离子的导电性和离子交换膜的半透性，相邻两室中的海水，一个变淡，一个变浓，故渗析槽的出水管分成两路，一路收集淡水，另一路收集浓盐水。

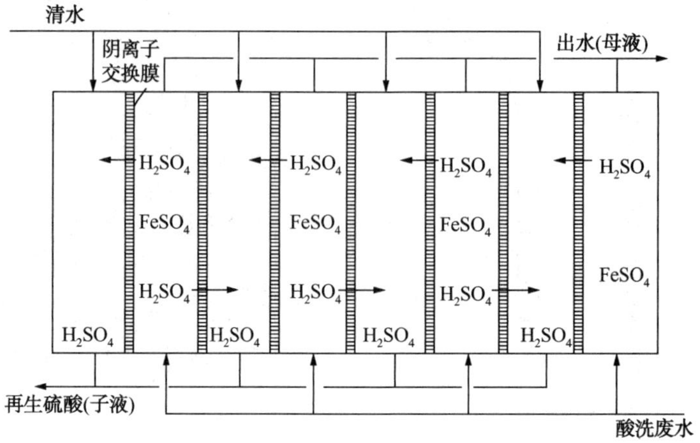

图 5-29　海水淡化电渗析示意图

图 5-30 所示是一种综合利用酸洗废水的装置。这是一种渗析和电解组合在一起的方法。依靠渗析作用回收硫酸，依靠电解作用回收铁。

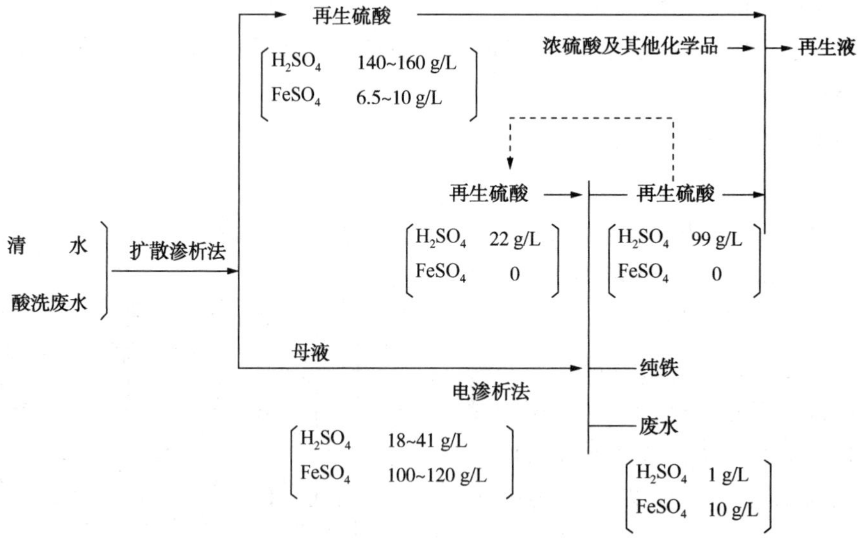

图 5-30　电渗析法回收酸洗废水中的硫酸和铁

阳极反应式：

$$2H_2O \longrightarrow 2H^+ + 2OH^- \tag{5-28}$$

$$2H^+ + SO_4^{2-} \longrightarrow H_2SO_4 \tag{5-29}$$

$$2\,OH^- \longrightarrow O_2\uparrow + 2H^+ + 4e^- \tag{5-30}$$

阴极反应式：

$$Fe^{2+}+2e^{-}\longrightarrow Fe\downarrow\ 2H^{+}+2e^{-}\rightarrow H_2\uparrow \tag{5-31}$$

上海某炼钢厂采用图 5-28 和图 5-30 所示装置做综合利用酸洗废水的试验，过程和成果可概括为图 5-31。

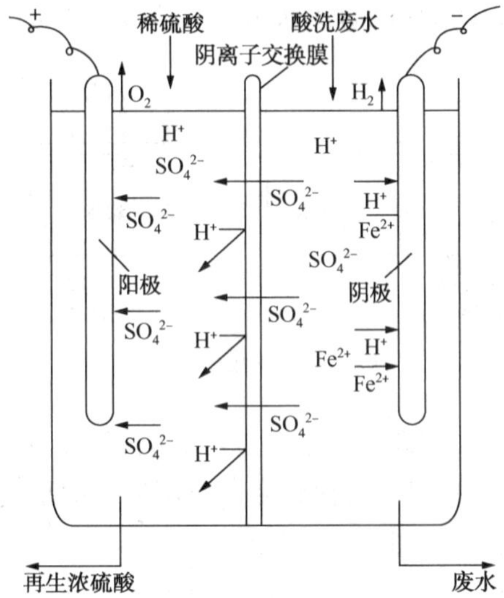

图 5-31　用渗析法处理酸洗废水

在上述过程中，清水与酸洗废水的流量比约为 1.2∶1，从扩散渗析装置中流出的母液与再生硫酸的流量比约为 1∶1(这反映存在着渗透作用)。在电渗析过程中，两个极室的出流都是循环的，再生硫酸在阳极室循环以提高浓度，废水则与母液混合后再进入阴极室。

在电渗析法中，使用的电极材料要不受反应产物的腐蚀。电极材料的选择同离子交换膜的选择一样重要。

5.5.3　反渗透法

反渗透法是一种借助压力促使水分子反向渗透，以浓缩溶液或废水的方法。如果将纯水和盐水用半透膜隔开(图 5-32)，此半透膜只有水分子能够透过而其他溶质不能透过。则水分子将透过半透膜进入溶液(盐水)，溶液逐渐从浓变稀，液面则不断上升，直到某一定值为止。这个现象叫渗透，高出水面的水柱高度(决定于盐水的浓度)是由于溶液的渗透压所致。可以理解，如果我们向溶液的一侧施加压力，并且超过它的渗透压，则溶液中的水就会透过半透膜，流向纯水一侧，而溶质被截留在溶液一侧，这种方法就是反渗透法(或称逆渗透法)。

任何溶液都具有相应的渗透压，其数值取决于溶液中溶质的分子数，而与溶质的性质无关，其数学表达式为：

$$\Pi = iRTc \tag{5-32}$$

式中　Π——渗透压，Pa；

R——摩尔气体常数，8.314J/(mol·K)；

T——热力学温度，K；

c——溶质的浓度，mol/L；

i——系数，它表示溶质的解离状态，其值等于1或大于1。

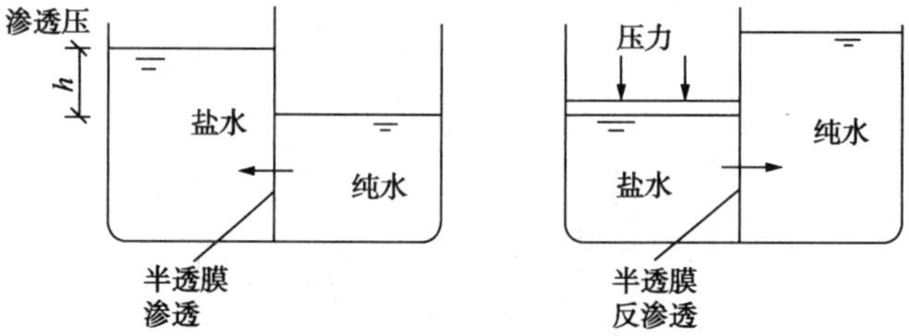

图5-32　渗透和反渗透

当完全解离时，i 等于阴、阳离子的总数；对非电解质，则 $i=1$。

反渗透膜的种类很多，目前研究得比较多和应用较广的是醋酸纤维素膜和芳香族聚酰胺膜，其他类型的膜材料也正在不断研究开发中。

目前应用于脱盐方面的几种反渗透膜的性能参见表5-4。

表5-4　几种反渗透膜的性能

品　　种	测试条件	透水性/[$m^3/(m^2\cdot d)$]	脱盐率/%
$CA_{2.5}$膜	1%NaCl，5066.3kPa	0.8	>99
CA_3复合膜	海水，10132.5kPa	1.0	99.8
CA_3中空纤维膜	海水，6079.5kPa	0.4	99.8
CA混合膜	3.5%NaCl，10132.5kPa	0.44	>99.7
芳香族聚酰胺膜	3.5%NaCl，10132.5kPa	0.64	>99.5

板框式反渗透装置是将反渗透膜贴在多孔透水板的单侧或两侧，再紧粘在不锈钢或环氧玻璃钢承压板的两侧，构成一个渗透元件。然后将几块或几十块元件成层叠合，用长螺栓固定后装入密封耐压容器内。

管式反渗透装置是把反渗透膜装在耐压微孔承压管的内侧或外侧，制成管状膜的元件。然后将很多管束装配在筒形耐压容器内。

螺旋卷式反渗透装置是在两层反渗透膜中间夹一层多孔的柔性格网，再在下面铺一层供废水通过的多孔透水格网，然后将它们的一端粘贴在多孔集水管上，绕管卷成螺旋卷筒，并将另一端密封，就成为一个反渗透元件。

中空纤维式反渗透装置是将制造反渗透膜的原料空心纺丝制成中空纤维管。纤维管的外径为30~150μm，壁厚7~42μm然后将几十万根中空纤维弯成U形装在耐压容器内，即组成反渗透器。

近年来，由于反渗透膜材料和制造技术的发展以及新型装置的不断开发和运行经验的积累，反渗透技术的发展非常迅速，已广泛用于海水的淡化、除盐和制取纯水等，还能用以去除水中的细菌和病毒。但反渗透法所需的压力较高，工作压力要比渗透压力大几十倍。即使是改进的复合膜，正常工作压力也需 1.5MPa 左右。同时，为了保证反渗透装置的正常运行和延长膜的寿命，在反渗透装置前必须有充分的预处理装置。

反渗透装置一般都由专门的厂家制成成套设备后出售。在生产中，根据需要予以选用。

5.5.4 超滤法

超滤法与反渗透法相似。但超滤膜的微孔孔径比反渗透膜大，在 0.005～1μm 之间。超滤的过程并不是单纯的机械截留，物理筛分，而是存在着以下三种作用：①溶质在膜表面和微孔孔壁上发生吸附；②溶质的粒径大小与膜孔径相仿，溶质嵌在孔中，引起阻塞；③溶质的粒径大于膜孔径，溶质在膜表面被机械截留，实现筛分。毫无疑问，我们应力求避免在孔壁上的吸附和膜孔的阻塞，应选用与被分离溶质之间相互作用弱和膜孔结构外密内疏的不对称构造的超滤膜。

超滤的过程是动态过滤，即在超滤膜的表面既受到垂直于膜面的压力，使水分子得以透过膜面并与被截留物质分离，同时又产生一个与膜表面平行的切向力，以将截留在膜表面的物质冲开。所以，超滤运行的周期可以较长。在运行方面，还可短时间地停止透水而增加切面流速，即可达到冲洗膜面的效果，使透水率得到恢复。

在污水处理中，超滤法目前主要用于分离有机的溶解物，如淀粉、蛋白质、树胶、油漆等。超滤法所需的压力比反渗透法要低，一般为 0.1～0.7MPa。

5.6 超临界处理技术

5.6.1 概述

任何物质可以气态、液态、固态三种状态存在，气态物质在温度降低或压力增加时可转变成液态或固态。然而当温度和压力超过临界值时，不论温度和压力如何变化，气体不再凝结为液体，气体与液体之间没有明显的界限，相界面消失，成为浑然一体的“流体”，即超临界流体。如图 5-33 所示，超临界流体是图上用斜线所示区域中的物质。超临界流体具有一些特性，如表 5-5 所示。

表 5-5 超临界流体、气体、液体的物理性质比较

流体(压力，温度)	密度/($g \cdot cm^{-3}$)	黏度/($g \cdot cm^{-1} \cdot s^{-1}$)	扩散系数/($cm^3 \cdot s^{-1}$)
气体(常压，常温)	$(0.62 \sim 2) \times 10^{-3}$	$(1 \sim 3) \times 10^{-4}$	0.1～0.4
超临界流体(p_c，T_c)	0.2～0.5	$(1 \sim 3) \times 10^{-4}$	0.7×10^{-3}
液体(常压，常温)	0.6～1.6	$(0.2 \sim 3) \times 10^{-2}$	$(0.2 \sim 2) \times 10^{-5}$

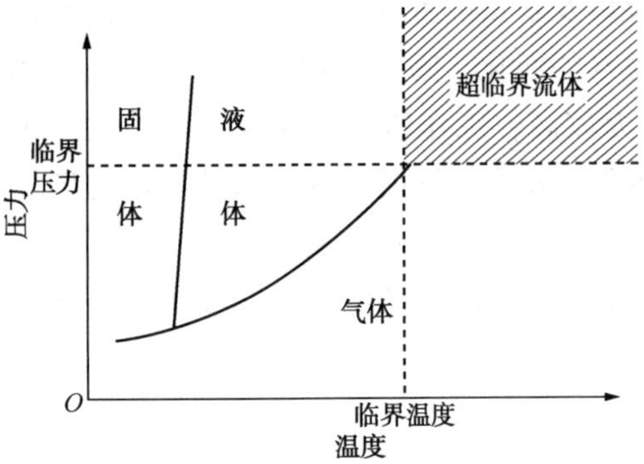

图 5-33 纯物质的压力-温度图

由表 5-5 可知，超临界流体的密度是常态液体的 1/3~1/2 左右，比气体大数百倍，超临界流体具有和气体分子同等大小的运动能量，其黏度和气体差不多，扩散系数在液体与气体之间。超临界流体是一种具有接近气体扩散性能的高流动性流体。我们知道，溶剂的溶解能力与溶剂的密度有密切的关系。在临界点附近，超临界流体的密度是温度和压力的函数，故在合适的温度和压力下，它可以具有很高的溶解能力和良好的流动传递性能。因此超临界流体已在天然香料、药物成分及蛋白质等难以提取和分离物质的提取、分离，新材料的合成，有毒有害物质的去除，新能源的开发等领域得到重视和应用。

研究较多的超临界流体体系有二氧化碳、水、氨、甲醇、乙醇、氧、戊烷、乙烯等。表 5-6 为常用超临界溶剂的临界值。以下我们仅对水和二氧化碳两类常用的超临界流体作较详细介绍。

表 5-6 常用超临界溶剂的临界值

溶剂	临界温度/℃	临界压力/MPa	临界密度/($g \cdot cm^{-3}$)
乙烯	9.2	5.03	0.218
二氧化碳	31.0	7.48	0.468
乙烷	32.2	4.88	0.203
乙炔	91.8	4.62	0.233
丙烷	96.6	4.24	0.217
氨	132.4	11.3	0.235
异戊烷	197	3.37	0.237
甲烷	319	4.11	0.292

5.6.2 两类常用的超临界流体

(1) 超临界水

超临界水是温度、压力在临界点(温度为 374℃，压力为 22MPa)以上的高温高压水。在超临界状态下水的一些物理性质发生了很大变化，如表 5-7 所示。常温、常压下的水(25℃，0.1MPa)，由于存在强的氢键作用，水的介电常数约为 80。因此极性物质、电解质容易溶解，而对介电常数较小的无极性物质几乎不溶解。介电常数在密度不变的条件下，温度上升，介电常数降低；而在温度一定时，压力提高，介电常数增大。如在 130℃、水的密度为 900kg/m³时，水的介电常数为 50，与甲醇的介电常数相当，而在 260℃、水密度为 800kg/m³时，水的介电常数为 25，与乙醇的介电常数相当，而在临界点，水的介电常数为 5，超临界水(600℃，25MPa)的介电常数降低到 2。尽管介电常数不是影响有机物溶解的唯一因素，但有机物、气体在水中的溶解度随水的介电常数减小而增大。在 25℃的水中微溶的苯(质量分数 0.07%)，在 260~270℃以上时，几乎可完全溶解于水。在 375℃以上，超临界水可与气体(如氮气、氧气或空气)及有机物以任意比例互溶；而无机物在水中的溶解度随水的介电常数减小而减小，当温度超过 475℃时，无机物在超临界水中的溶解度急剧下降。图 5-34 表示烃类、氧在水中的溶解度随温度变化的关系。

表 5-7 各种状态下水的物理性质

	水(液体)(25℃，0.1MPa)	水蒸气(气体)(100℃，0.1MPa)	超临界水(600℃，25MPa)
介电常数	80	1	2
黏度/($kg \cdot m^{-1} \cdot s^{-1}$)	891×10^{-6}	12.3×10^{-6}	34.5×10^{-6}
密度/($kg \cdot m^{-3}$)	997	0.59	71

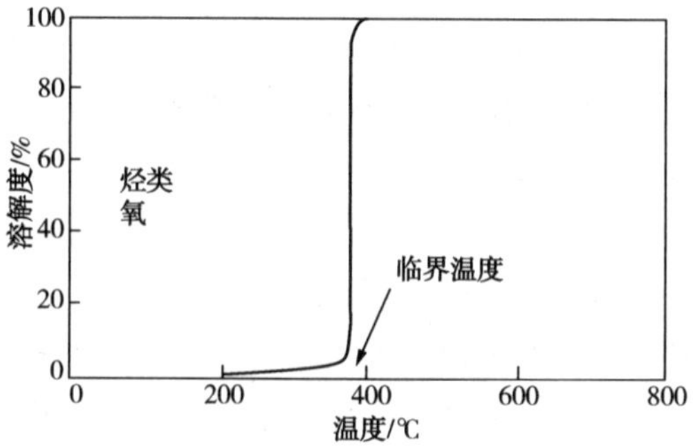

图 5-34 烃类、氧在水中溶解度与温度的关系

黏度是反映液体的流动性(或称流变性)的物理参数。牛顿将黏度定义为衡量液体流动时的内摩擦力或阻力的度量。超临界状态下，水的物理性质处于气体和液体之间，既具有与气体相当的扩散系数和较低的黏度，又具有与液体相近的密度和对物质良好的溶解能力。

(2) 超临界 CO_2

CO_2由于具有无毒、无臭、不可燃、化学性质稳定、价廉、临界温度低(31℃)、临界压力低(7.3MPa)等优点，所以它是超临界研究和应用中使用较多的体系。但 CO_2极性弱，只适用弱极性物质的提取。

在从废水和废渣中去除重金属和一些有害非金属离子，或者从矿物中(特别是低品位矿物中)提取贵金属等物质时，往往在超临界体系中加入螯合剂，利用螯合剂与带电的离子通过配位键生成电中性的、稳定的、易溶解于超临界流体的螯合物，经传质进入超临界流体相而分离出来。这种方法称为超临界 CO_2螯合萃取。目前，用于超临界 CO_2螯合萃取的萃取剂主要有冠醚、β-二酮、膦、胺类和二乙基二硫代氨基甲酸盐及其衍生物等。

5.6.3 超临界技术的应用

(1) 超临界水氧化

20 世纪 80 年代中期，美国学者蒙戴尔(Modell)首先提出超临界水氧化方法，该技术是利用水在超临界状态下的低介电常数、低黏度、高扩散系数及与有机物和氧气(空气)等气体互溶的特性，使有机物和氧化剂在超临界水介质中发生快速氧化反应来彻底去除有机物的新型氧化技术。该技术反应速率高，氧化完全彻底，对大多数有机废液、废水和有机污泥能在较短的时间内达到99.9%以上的去除率。大多数高浓度和难降解的有机废物经此技术处理后能够产生直接排放的气体、液体或固体。超临界水氧化技术在处理一些用常规方法难以处理的有机污染物，及在某些场合取代传统的焚烧方法等方面具有良好的前景，是一项具有很大发展潜力的技术。

有机物的超临界水氧化受反应温度、反应压力、停留时间、氧化剂量及催化剂等因素的影响。反应温度高，反应速率常数大，反应速率高；但温度高，会降低反应物的密度，因而降低了反应物的浓度，使反应速率下降。在不同的温度、压力区域，这种效应对反应速率的影响程度是不同的。在远离临界点的区域，升温造成的速率常数增大导致的反应效率增大比反应物密度减小所引起的反应速率降低的程度大，所以升温可加快有机物氧化的反应速率；但在临界点附近，情况刚好相反，升温不利于有机物的氧化。压力变化和水密度的变化有密切关系，进而引起反应物浓度和反应速率的变化。在临界温度附近，水密度受压力影响更显著，反应速率随水密度的增大而快速升高。超临界水氧化的效果随反应停留时间的增加而增加，但增加率随反应时间的增加而减缓。氧化剂浓度也是类似的情况：氧化剂浓度提高，有机物的转化率提高，但并非氧化剂的量越多越好，当氧化剂过量至一定程度时，再增加氧化剂的量对有机物转化率的提高作用就很小了。超临界水氧化也可采用催化技术，特别是对有机物氧化速率较低、反应中间产物较多的反应。但在超临界状态下，可能因超临界水在催化剂上的吸附-解吸，影响了有机物、氧气在催化剂上的平衡吸附，催化效果有所降低。

超临界水氧化的机理比较典型的是在湿式空气氧化、气相氧化的基础上提出的自由基反应机理。

在没有引发物的情况下，自由基由氧气攻击最弱的 C—H 键而产生，反应如下式：

$$RH+O_2 \longrightarrow R\cdot +HO_2\cdot \tag{5-33}$$

$$RH+HO_2\cdot \longrightarrow R\cdot +H_2O_2 \tag{5-34}$$

$$H_2O_2+M \longrightarrow 2HO\cdot \tag{5-35}$$

$$HO\cdot +RH \longrightarrow R\cdot +H_2O \tag{5-36}$$

$$R\cdot +O_2 \longrightarrow ROO\cdot \tag{5-37}$$

$$ROO\cdot +RH \longrightarrow ROOH+R\cdot \tag{5-38}$$

反应式(5-35)中 M 为界面。反应式(5-38)中生成的过氧化物相当不稳定，它可进一步断裂直至生成甲酸或乙酸。许多研究者认为决定有机物超临界水氧化反应速率的往往是其不完全氧化生成的小分子化合物(如一氧化碳、乙酸、氨、甲醇等)的进一步氧化。其中一氧化碳氧化成二氧化碳是有机物转化为二氧化碳的速率控制步骤，氨是有机氮转化为分子氮的控制步骤。然而有机物的种类极其复杂，每种反应的机理也不相同。目前的机理研究还集中在一些较简单的有机物的氧化方面。

(2) 超临界流体萃取

超临界流体萃取的原理是利用温度和压力对超临界流体溶解能力的影响而产生的。

目前超临界萃取技术对于污染物的处理按工艺的不同主要有两种形式。一种是直接接触法，即超临界流体直接与被污染物相接触除去其中的有害成分。直接接触法不仅对高浓度废水有很好的去除效果，而且对低浓度废水的净化效果也相当好。Ringhard 和 Kopfler 通过直接接触法流程从含污染物浓度很低的水中萃取一系列污染物质，取得满意的净化效果。但考虑到过程的经济性，直接接触法一般适用于有机污染物含量高的污水。另一种方法是间接接触法，即被污染的物质先与中间媒体(吸附剂)相接触使其中的污染物得到富集，然后将中间媒体在一定条件下经超临界溶剂萃取分离出其中的污染物的方法。Knez 等采用直接接触法对于除草剂废水进行了超临界 CO_2 净化废水的研究，如表 5-8 所示。Epping 等研究了用活性炭吸附空气中微量汽油、酒精和酮等污染物质，并用超临界流体使活性炭再生，结果表明该过程的经济效益和再生效益均很高，投资费用比较见表 5-9。

表 5-8　超临界 CO_2 对除草剂废水净化结果

废水来源	超临界 CO_2 处理的水	废水来源	超临界 CO_2 处理的水
莠丁酯生产装置	莠醇含量降低 11.2%	甲草胺生产装置	COD 降低 21.0%
甜莱宁生产装置	COD 降低 22.0%		

表 5-9　几种废水处理方法投资费用的比较

费　用	处理方法			
	超临界萃取法	蒸馏法	焚烧法	活性炭吸附法
投资费用	1	1	4	0.5
操作费用	1	5	25	4

注：以超临界萃取法的费用为 1，其他数值为与之比较得出。

思考题与习题

1. 化学混凝法的原理和适用条件是什么？城镇污水的处理是否可用化学混凝法，为什么？

2. 化学混凝剂在投加时为什么必须立即与处理水充分混合、剧烈搅拌？

3. 物理化学处理与化学处理相比，在原理上有何不同？处理的对象有什么不同？在处理成本和运行管理方面又有什么特点？

4. 用吸附法处理废水，可以达到出水极为洁净。那么是否对处理要求高、出水要求高的废水，原则上都可以考虑采用吸附法？为什么？

5. 电镀车间的铬废水，可以用氧化和还原法、化学沉淀法和离子交换法等加以处理，那么在什么条件下，用离子交换法进行处理是比较合适的？

6. 从水中去除某些离子(例如脱盐)，可以用离子交换法和膜分离法。当含盐浓度较高时，应当用什么方法？为什么？

7. 有机酚的去除可以用萃取法。那么，废水中的无机物的去除是否可以用萃取法？为什么？

第6章　工业水的生物处理技术

6.1　概述

生物处理是利用微生物的代谢作用，使水中的有机污染物和无机营养物转换为稳定、无害的物质。常见的有活性污泥法和生物膜法。生物处理法也可按是否供氧而分为好氧处理和厌氧处理两大类。现有生物处理技术主要用于工业企业的排水处理。但对于受有机污染比较严重的地表水作为工业用水水源时，为控制有机组分含量也可用生物技术进行净化处理，如生物活性炭工艺已在微污染水体的处理中得到广泛应用。然而，除生物滤池外，其他生物处理技术在工业给水中目前还鲜有应用。为此，本章所述生物处理技术的主要应用对象为工业企业排水。依据企业排水中有机物浓度高低及其可生化性，可分为5类生物处理流程。

6.1.1　低浓度易生物降解有机工业排水

含低浓度易生物降解有机组分的工业排水常采用好氧生物处理法。基本工艺流程如图6-1所示。考虑到工业排水的水质、水量受产品变更、生产设备检修、生产季节变化等因素影响，其水质水量变化幅度大。为此，处理流程中一般都设置调节池，以稳定生物处理单元的水质和水量。

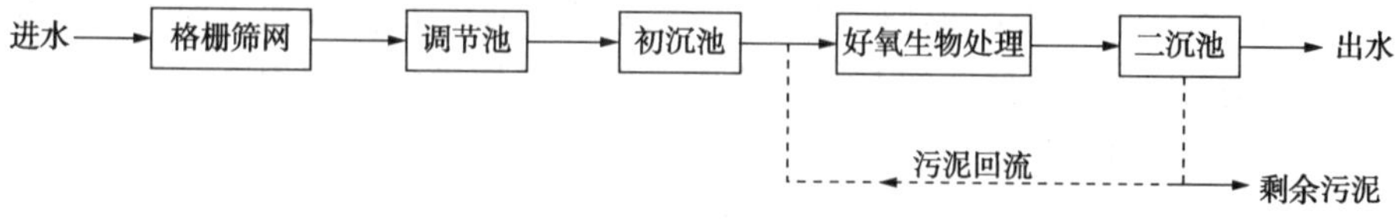

图6-1　低浓度易降解有机组分的基本处理流程

若排水中还含有固态有机物和无机物时，为减轻后续生物处理设施的有机负荷、降低运行费用和提高处理效率，或减少对后续处理设施的损害，在生物处理设施前需依据固态污染物的特性设置格栅、筛网或沉淀池等预处理设施，以去除大颗粒有机和无机悬浮物。

目前，工业水处理中应用较成熟的好氧生物处理工艺主要有SBR及其变形工艺。

6.1.2　高浓度易生物降解有机工业排水

高浓度易降解有机工业排水中的有机污染物易被微生物降解，可采用厌氧好氧生物组合处理工艺。厌氧生物处理具有有机负荷高、运行费用较低、产生的甲烷气可以回收再次利用等优点，是处理不含有毒有害污染物的高浓度易降解有机工业排水的首选技术。但厌氧生物法处理后出水的有机物浓度还比较高，需再经好氧生物处理才能确保出水水质达标。基本处理流程如图 6-2 所示。常用的厌氧处理工艺有普通厌氧消化、接触氧化和 UASB 技术。

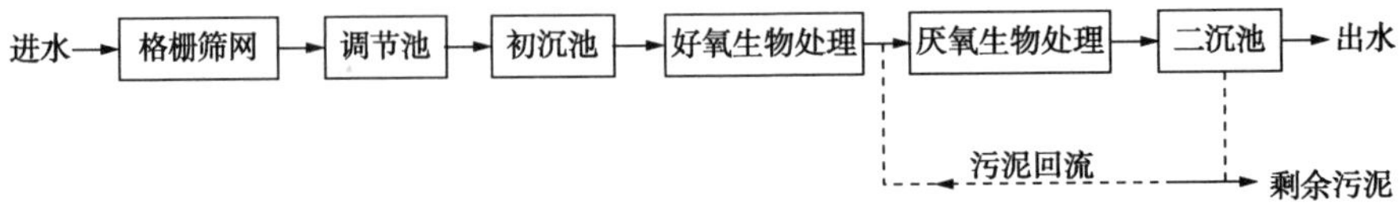

图 6-2　高浓度易降解有机组分的基本处理流程

6.1.3　可生物降解有机工业排水

可生物降解有机工业排水含有较多的易降解有机物，可采用生物法处理。但是，由于水中还含有一定数量的难降解有机物，BOD_3/COD 比值较低。因此，在生物处理单元前需增加预处理，以去除难降解有机组分，从而提高其可生物降解性。如生物处理出水仍不能达标排放，则需增加后处理设施，以降低生物处理单元出水中的难降解有机组分浓度。基本处理工艺流程如图 6-3 所示。

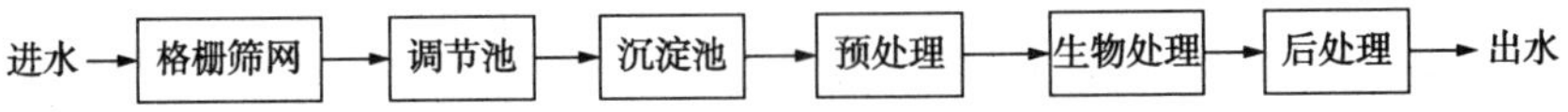

图 6-3　可降解有机组分的基本处理流程

预处理的方法可用物理化学法（如混凝沉淀和气浮等）和生物法（如水解酸化等）大量研究和实践表明，某些有机物（如杂环化合物、多环芳烃）在好氧条件下难以被微生物降解，但采用厌氧水解酸化法进行预处理，可使化学结构稳定的苯环开环，改善其生物降解性。

当某些污水经预处理和生物处理后其水质指标仍不能满足排放要求时，则在生物处理后还需有后处理措施，以降低残留有机物浓度。后处理技术主要有混凝、沉淀或气浮、化学氧化、活性炭吸附和膜分离等。

6.1.4　难生物降解有机工业排水

难生物降解有机工业排水的处理是当今水污染防治领域面临的一个难题，至今尚无较为完善、经济、有效的通用处理技术。采用生物法处理难降解有机工业排水时，其基本处理工艺流程可参考图 6-3。工艺前段进行化学的、物理化学的或生物的预处理，以改变难降解有机物的分子结构或降低其中某些污染物质的浓度，降低其毒性，提高废水的 BOD_5/COD 值，为后续生物处理的运行稳定性和高处理效率创造条件。预处理的选择与难降解有机物的性质和浓度有关，生物处理技术主要有 SBR、生物滤池、生物接触氧化和生物流化床等。

6.1.5 含有毒有害污染物有机工业排水

含有毒有害污染物的有机工业排水采用生物处理工艺时，为降低有毒有害污染物对微生物的毒性作用，在生物处理前都应进行预处理。经过预处理后使有毒有害污染物的浓度降低或改变有机污染物的化学结构，降低对微生物的毒性作用，使后续的生物处理能顺利进行。其基本处理工艺流程可参考图 6-3。

综合上述工业企业所排放的 5 类有机废水的水质特征，目前采用较多的生物处理技术有 SBR 及其变形工艺、生物滤池、生物接触氧化法、膜生物反应器、生物流化床、厌氧消化、UASB 和 EGSB 等工艺，后续章节将对上述代表性工艺进行介绍。

6.2 间歇式活性污泥法

6.2.1 工艺原理

间歇式活性污泥法(SBR)是在单一的反应器内，按时间顺序进行进水、反应、沉淀、排水和闲置等基本操作的活性污泥法(图 6-4)。从污水的流入开始到待机时间结束为一个周期，达到污水处理目的。

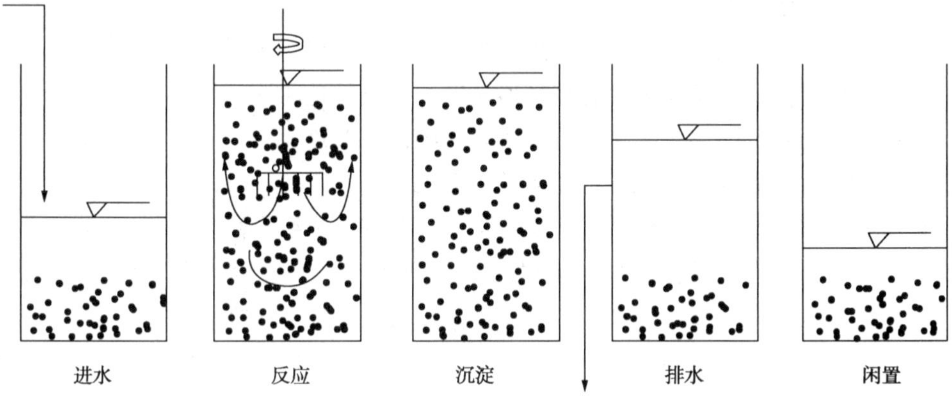

图 6-4 SBR 工艺反应器一个运行周期的运行操作

进水期：指从开始进水到反应器达最大水深时的时间段。在曝气的情况下，有机物在进水过程中已经开始被大量氧化，进行搅拌时好氧生物的活动则受到抑制。运行时可根据不同微生物的生长特点、水质特征、要达到的处理目标和设计要求，分别采用非限制曝气、半限制曝气和限制曝气的方式进水。

反应期：目的是在反应器达到最大水量的情况下完成进水期已开始的反应。根据反应的目的决定进行曝气或搅拌，即进行好氧反应或厌氧反应。在反应阶段通过改变反应条件，不仅可以达到有机物降解的目的，还具有脱氮、除磷的效果。

沉淀期：目的是固液分离，本工序相当于二沉池，停止曝气或搅拌，污泥絮体和上清液分离。沉淀过程一般在 0.5~1.0h 之间。污泥层要求保持在排水设备之下，并在排放完成前不上升超过排水设备。

排水期：排水的目的是排除曝气池沉淀后的上清液，留下活性污泥，作为下一个周期的菌种。液面又恢复到循环开始时的最低水位，该水位离污泥层还有一定的保护高度。SBR 排水一般采用滗水器，滗水所用的时间由滗水能力来决定，一般不会影响下面的污泥层。

待机期：沉淀之后到下个周期开始的期间称为待机工序。曝气池处于空闲状态，等待下一个周期的开始。在待机期间根据工艺和处理目的，可以进行曝气、混合、去除剩余污泥。待机期的长短由原水流量决定。SBR 运行中另一个重要步骤是排放剩余污泥。剩余污泥通常在沉淀期或闲置期排放。

目前较为常用的 SBR 工艺主要有 SBR、ICEAS、CAST 和 UNITANK 等。SBR 的很多工艺变形属专利产品，在设计时应注意知识产权问题。

6.2.2 工艺特点及适用条件

与其他传统活性污泥技术相比，SBR 的特点是：

(1) 流程简单，一般不设调节池，多数情况下可省掉初沉池，没有二沉池和回流污泥泵房，整个工序不及常规活性污泥法的一半。占地少，比常规活性污泥法少占地 30%~50%，特别适合用地相对紧张的工业企业。

(2) 曝气时间短，效率高，沉淀接近理想静止沉淀，出水水质好。

(3) 具有脱氮、除磷功能和生物选择器功能，能有效地防止污泥膨胀。

(4) 缓冲能力强，适用于水量水质变化较大的污水处理。

(5) 节约投资，处理成本低于常规活性污泥法。

(6) 对自控要求高，运行灵活，适应性强，对管理人员要求高。

SBR 法适用于处理规模控制在 $10\times10^4m^3/d$ 以下的中、小型污水处理系统。对小水量、高浓度、间歇排放、负荷波动幅度大的工业排水，有很好的适应性。

6.2.3 设计计算方法

(1) 设计原则

① SBR 池的数量不宜少于 2 个。如有可能，池子数量和每个周期排水时间的乘积最好是周期长的整数倍，以便将每个池的间歇排水组合成全厂的连续排水；对于间进水的 SBR 反应池，池数和周期最好是整倍数，便于将连续的进水分配到每个池，简化配水设施。同时，池子数量和每个周期曝气时间的乘积最好是周期长的整数倍，使鼓风机连续运行，减少鼓风机数量。

② SBR 反应池的自动控制基本上是依据时序和液位进行的。应设计几种不同的运行周期输入自控程序，可人为或自动转换，以确保处理过程正常运行。

③ 应采用有防止浮渣流出设施的滗水器；同时，宜有清除浮渣的装置。不设初沉池

时要考虑强化预处理阶段去除浮渣功能，如采用曝气沉砂池或筛网过滤，对已进入 SBR 反应池的浮渣应经常清除。

④ 进气总管上应安装放气蝶阀，停气时打开，以释放气压。

⑤ 反应池宜采用矩形池。长度与宽度之比，间歇进水时宜为 1∶1~2∶1，连续进水时宜为 2.5∶1~4∶10。连续进水时，反应池的进、出水处应设置导流装置。

⑥ 反应池应设置固定式事故排水装置，可设在滗水结束时的水位处。

其他设计参数见表 6-1。

表 6-1　常规 SBR 工艺设计参数

参　　数	单　　位	常用数值范围	
		反应污泥龄>15d	反应污泥龄>15d
每天周期数	d^{-1}	4~3	6~4
周期时长	h	6~8	4~6
每周期进水时间	h	4~2	3~1
每周期反应时间	h	5.5~3.5	4~2
每周期沉淀时间	h	1	1
每周期排水时间	h	1~2	0.5~1.5
水深	m	4~6	
安全高度	m	0.6~0.9	

（2）计算方法

① SBR 反应池容积

$$V=\frac{24\,Q_{T}S_{0BOD}}{X_{s}L_{s}t_{f}} \tag{6-1}$$

式中　Q_T——SBR 反应器每个周期进水量，m^3；

S_{0BOD}——原水中 BOD_5 的浓度，mg/L；

X_s——反应池中的悬浮固体浓度，mg/L；

L_s——污泥负荷，$kgBOD_5/(kgMLSS \cdot d)$；

t_f——每个周期反应时间，h。

以脱氮为主要目标时，系统 BOD_5 负荷率控制在 0.05~0.15 之间；以除磷为主要目标时，建议将 BOD_5 负荷率控制在 0.4~0.7 之间；同时脱氮除磷时，BOD_5 负荷率在 0.1~0.2 之间。

② SBR 工艺各工序的时间

a. 进水时间 t_j

$$t_j=\frac{t}{n} \tag{6-2}$$

式中　t_j——每池每周期所需要的进水时间，h；

t——每个运行周期所需要的时间，h；

n——每个系列反应池个数。

式(6-2)适用于将待处理水连续进入 n 个 SBR 反应器，进水时不进行沉淀和排水的情况。其他情况应根据进水方式和 SBR 运行模式灵活计算。

b. 反应时间 t_f

$$t_f=\frac{24S_{0BOD}}{mL_sX_s} \tag{6-3}$$

式中 $1/m$ 排出比，仅需除磷时宜为 0.25~0.5，需脱氮时宜为 0.15~0.3。

c. 沉淀时间 t，一般为 1h

d. 排水时间 t_p，一般为 1.0h，由滗水器能力确定。

e. 闲置时间 t_x，由进水流量和各工序的时间安排确定，一般可取 0~1h

f. 一个周期所需时间 t

$$t=t_j+t_f+t_c+t_p+t_x \tag{6-4}$$

式(6-4)中加和的 5 个时间段可能是重复的，如在进水的同时进行反应，此时应扣除重复部分。每天的周期数宜为正整数。常用的数据见表 6-2。

表 6-2　常用周期和周期长对照表

每天周期数	3	4	5	6
每个周期时间/h	8	6	4.8	4

③ 供氧量、排泥量的设计计算

供氧量、排泥量的设计计算参考活性污泥法。

【例 6-1】某化工厂洗涤车间的排水水质为 COD = 625mg/L，BOD_5 = 200mg/L，SS = 245mg/L，流量 Q = 50m^3/d。采用 SBR 工艺进行处理，要求出水水质达到 COD = 150mg/L，BOD_5 = 50mg/L，SS = 150mg/L。拟采用 2 个 SBR 反应池，BOD_5 污泥负荷 L_S = 0.1kgBOD_5/(kgMLSS · d)，周期 n = 1d，反应池水深 H = 3.5m，长 L = 7m，排出比 $\frac{1}{m}=\frac{1}{4}$，安全高度 ε = 0.5m，MLSS 浓度 4000mg/L。沉淀时间 t_c = 1.0h，排水时间 t_p = 2.0h。每个反应池设一套出水装置，排出装置的最大流量比 r = 1.5。试计算：(1)反应池各工序所需时间；(2)反应池容积、尺寸及设计运行水位；(3)排出装置的排出能力。

【解】工艺流程，如图 6-5 所示。

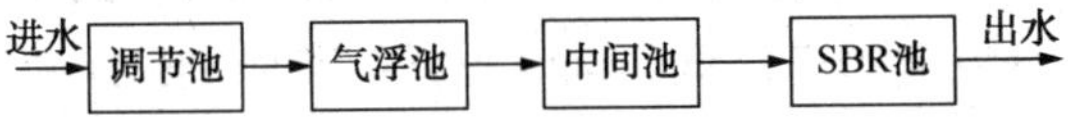

图 6-5　SBR 处理工艺

SBR 结构简图，如图 6-6 所示。

(1) 反应池运行周期各工序计算

反应时间 t_1：

进水 BOD_5：$S_{0BOD}=COD\times\frac{BOD_5}{COD}=625\times0.32=200$mg/L

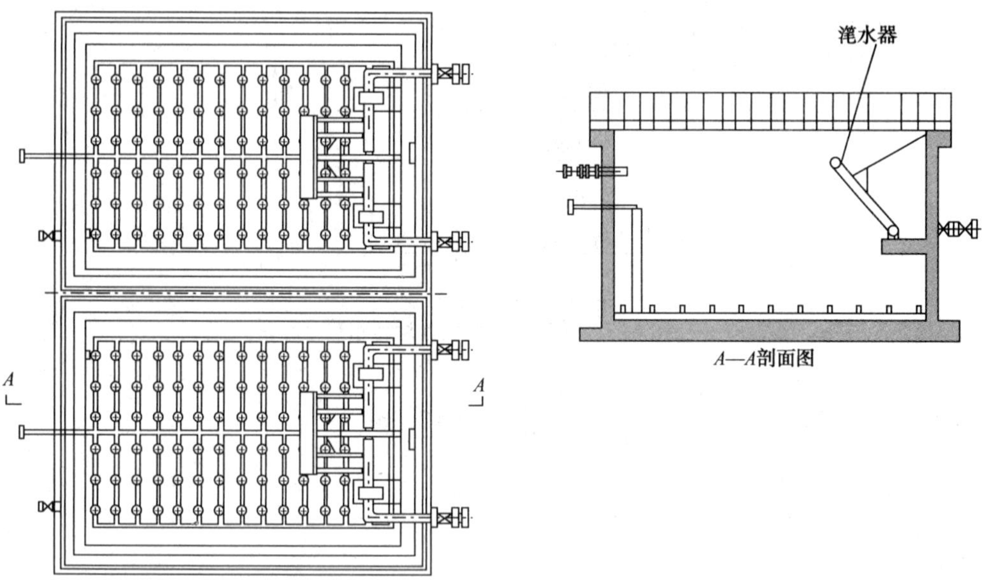

图 6-6　SBR 结构简图

则

$$t_f = \frac{24\,S_{0BOD}}{m\,L_s X_s} = \frac{24 \times 200}{0.1 \times 4 \times 4000} = 3\text{h}$$

一个周期所需要的时间为：

$$t \geqslant t_f + t_c + t_p = 3+1+2 = 6\text{h}$$

进水时间t_j：

$$t_j = \frac{t}{n} = \frac{6}{2} = 3\text{h}$$

(2) 反应池池容计算

由式(6-1)和式(6-3)可得，反应池有效池容：

$$V = m\,Q_T = \frac{m}{n} \times Q = \frac{4}{2} \times 50 = 100\ \text{m}^3$$

考虑流量波动，反应池容积的修正值为：

$$V' = 100 \times 1.125 = 112.5\ \text{m}^3$$

反应池所需水面积：

$$A = \frac{112.5}{3.5} = 32.14\ \text{m}^2$$

反应池宽为 $b = 4.6$m

SBR 反应池设计运行水位，如图 6-7 所示。

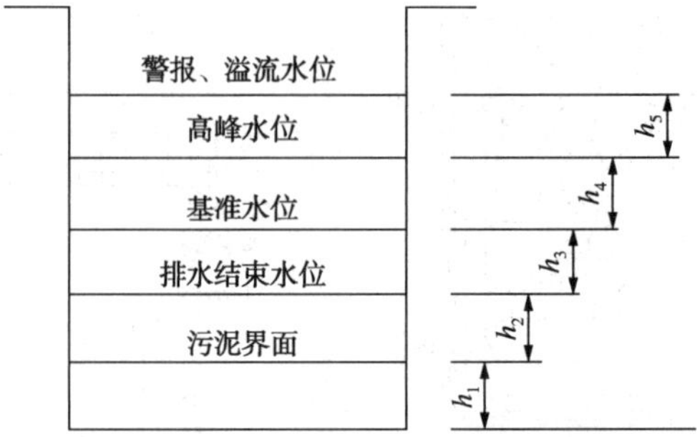

图 6-7　SBR 反应池设计运行水位

排水结束时水位$h_2=\frac{H}{1.125}\times\frac{m-1}{m}=\frac{3.5}{1.125}\times\frac{4-1}{4}=2.3\text{m}$

基准水位$h_3=\frac{H}{1.125}=3.5\times\frac{1}{1.125}=3.1\text{m}$

高峰水位$h_4=3.5\text{m}$

警报、溢流水位$h_5=h_4+0.5=3.5+0.5=4\text{m}$

污泥界面$h_1=h_2-0.5=2.3-0.5=1.8\text{m}$

(3) 上清液排出装置

每池的排出负荷：

$$Q_D=\frac{Q_S}{Nn\,T_D}=\frac{50}{2\times1\times2}\times\frac{1}{60}=0.21\text{m}^3/\text{min}$$

出水装置的负荷：

$$Q'=Q_D=0.21\text{m}^3/\text{min}$$

排出能力：

$$Q''=0.21\times1.5=0.32\text{m}^3/\text{min}$$

6.3　循环活性污泥工艺系统

循环式活性污泥工艺系统(Cyclic Activated Sludge System，CASS)，简称 CASS 工艺，又可称为 CAST 工艺(Cyclic Activated Sludge Technology)和 CASP 工艺(Cyclic Activated Sludge Process)，其实质是传统的 SBR 工艺与生物选择器(Bioselector)的有机结合，即在 SBR 池内进水端增加了一个生物选择器，实现了连续进水，间歇排水。本工艺是美国 Goronszy 教授在 20 世纪 60~70 年代所开发的。由于本工艺对污水处理的效果良好，基建投资省，维护费用低，尤其是本工艺具有一定的脱氮与除磷功能，因此被广泛地应用于城市污水及多种工业排水的处理。在世界上已建成 300 余座以 CASS 工艺为主体处理技术的污水处理厂。在我国，从 20 世纪 90 年代开始对 CASS 工艺开展了研究与应用，主要用于生活污水以及啤酒、制药、洗毛等工业排水的净化处理。

6.3.1 CASS 系统组成与运行方式

CASS 工艺系统的反应操作单元为一座间歇式运行的反应器。活性污泥的各项反应进程，泥水分离和滗水的进程，都在这一座反应器内进行。一般反应池沿池长方向设计为两部分，前部为生物选择区也称预反应区，后部为主反应区，其主反应区后部安装了可升降的自动撇水装置。整个工艺的曝气、沉淀、排水等过程在同一池子内周期循环运行，省去了常规活性污泥法的二沉池和污泥回流系统，同时可连续进水，间断排水。

图 6-8 所示为 CASS 工艺系统的一个典型的循环操作周期。由图可见，典型的 CASS 工艺系统的一个循环过程包括 3 个阶段：进水曝气阶段、沉淀阶段、滗水排放阶段，如果加上闲置阶段，则为 4 个阶段。一个运行周期若为 4.0h，其中，进水曝气为 2.0h，沉淀阶段及滗水排放阶段各为 1.0h。

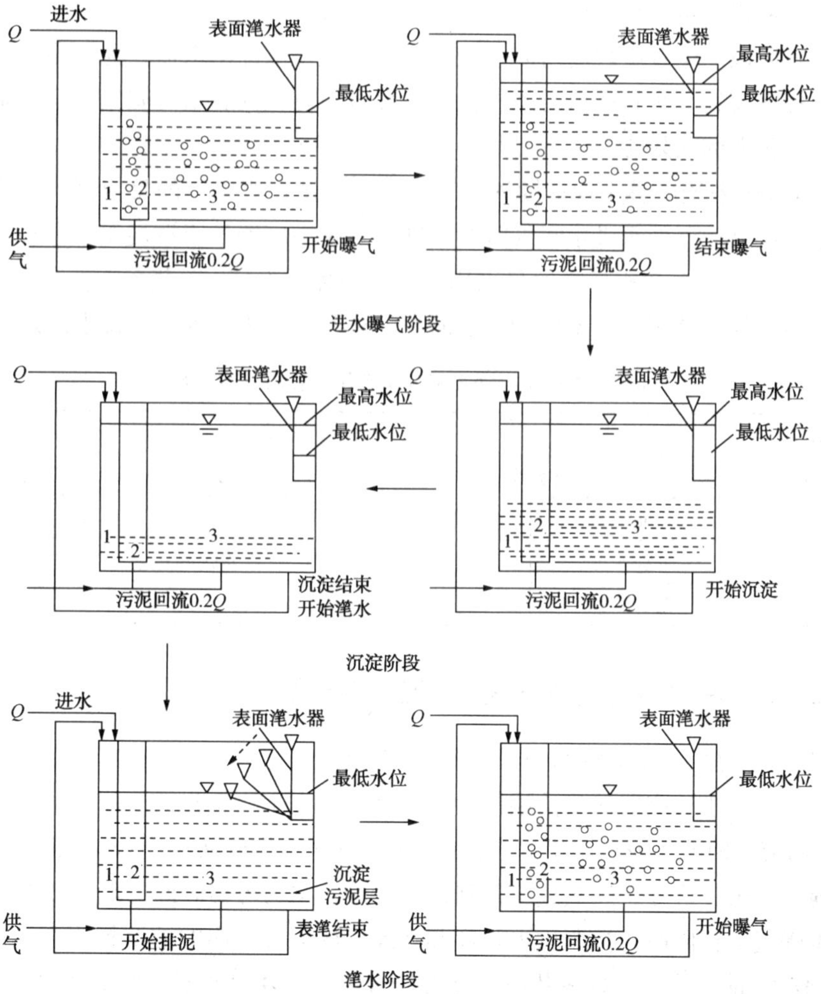

图 6-8 CASS 工艺系统的循环操作过程

1—生物选择区；2—缓冲区；3—主反应区

（1）进水曝气阶段。边进水边曝气，同时将主反应区的污泥回流至生物选择区，一般回流比为20%。在此阶段，曝气系统定时向反应池内供氧，一方面满足好氧微生物对氧的需要；另一方面有利于活性污泥与有机物的充分混合与接触，从而有利于有机污染物被微生物氧化分解。同时，水中的氨氮通过微生物的硝化作用转变为硝态氮。

（2）沉淀阶段。停止曝气，微生物继续利用水中剩余的溶解氧进行氧化分解。随着反应池内溶解氧的进一步降低，微生物由好氧状态向缺氧状态转变，并发生一定的反硝化作用。与此同时，活性污泥在几乎静止的条件下进行沉淀分离，活性污泥沉至池底，在下一个周期继续发挥作用，处理后的水位于污泥层上部，静置沉淀实现泥水分离。

（3）滗水阶段。沉淀阶段完成后，置于反应池末端的滗水器开始工作，自上而下逐层排出上清液，使水位降低到反应池所设定的最低水位，排水结束后滗水器自动复位。滗水期间，污泥回流系统照常工作，其目的是提高缺氧区的污泥浓度，随污泥回流至该区内的污泥中的硝态氮进一步进行反硝化，并进行磷的释放。

（4）闲置阶段。闲置阶段的时间一般比较短，主要保证滗水器在此阶段内上升至原始位置，防止污泥流失。实际滗水时间往往比设计时间短，其剩余时间用于反应器内污泥的闲置以及恢复污泥的吸附能力。

为了使CASS系统能够实现连续进水的要求，应设2座以上的反应器。当设置2座反应器时，第一座反应器处于进水曝气阶段，则另一座反应器处于沉淀滗水阶段，可以达到连续进水的要求。表6-3所列举的是采用4座反应器的CASS工艺系统，通过合理地选择循环过程，将各反应器调节在不同的运行阶段，达到连续进水和连续排水的效果。

表6-3　4座反应器CASS工艺系统合理的运行周期

<table>
<tr><th>反应器</th><th colspan="4">阶段名称</th></tr>
<tr><td>反应器1</td><td colspan="2">进水曝气</td><td>沉淀</td><td>滗水排水</td></tr>
<tr><td>反应器2</td><td>沉淀</td><td>滗水排水</td><td colspan="2">进水曝气</td></tr>
<tr><td>反应器3</td><td>进水曝气</td><td>沉淀</td><td>滗水排水</td><td>进水曝气</td></tr>
<tr><td>反应器4</td><td>滗水排水</td><td colspan="2">进水曝气</td><td>沉淀</td></tr>
</table>

6.3.2　CASS系统运行期内各区的反应行为

CASS反应器是由3个分区所组成，3个区容积比的参考值为1∶2∶17。

第1分区为位于反应器的最前端的生物选择区。在生物选择区，流入的原污水与从第3主反应区回流的回流污泥在这里混合（一般多通过水力措施实现混合），也可以使用机械进行混合搅拌。第1区处于缺氧或厌氧状态下运行，水力停留时间一般为0.5~1.0h。

在进水曝气运行阶段，控制供氧强度和在反应区混合液内的溶解氧浓度。使活性污泥絮凝体（菌胶团）的外缘处于好氧状态，能够使有机底物降解的同时发生硝化反应。由于氧向絮凝体深部的渗透受到限制，絮凝体的深部还可能处在缺氧、厌氧的状态，而较高的硝酸盐浓度则能够较好地渗透到菌胶团的深部。此外，通过生物吸附作用，在絮凝体内还积聚了丰富的碳源，于是活性污泥絮凝体深部具有进行反硝化反应的良好条件。通过污泥回流在生物选择区也要产生反硝化反应。回流污泥携出的剩余硝酸盐也在此进行反硝化反应。

此外，活性很高的污泥絮凝体回流至此，原污水携入高浓度的有机底物，所以生物选择区是处于高负荷有机底物的状态。首先，回流污泥在生物吸附和网捕作用下，在其自身表面吸附大量溶解状以及微小悬浮状的有机底物，使进水得到某种程度的处理。而后，进行可降解溶解性有机底物的快速降解反应。降解的有机底物被转化为微生物细胞胞内物质，如糖原质和多羟基丁酸盐等，然后转化为能使活性污泥具有黏性的外部细胞蛋白质。由于絮状微生物起主导作用，抑制了丝状菌的生长繁殖，有利于主反应区克服污泥膨胀现象的产生。由于厌氧微生物有较高的活性，使得生物选择区内的氧化-还原电位迅速降低。

第 2 区位于第 1 区之后，具有对生物选择区的各项作用起辅助性作用的功能，还对进入污水的水质、水量变化起到缓冲作用。此区基本上也是在缺氧或厌氧状态下运行，但根据实际情况的要求，也可按好氧状态运行。第 2 区也可以考虑不设。

第 3 区是主反应区，是利用活性污泥微生物实施生物氧化反应，使有机底物降解的区域。本区是在好氧状态下运行，有机底物降解以及脱氮、除磷的各项反应，都在本反应区内实施。对此，通过曝气手段以供氧进行调节，使本区混合液根据工艺反应的需要反复地经历好氧-缺氧-厌氧等状态。在开始进水与曝气的历时 2.0h 内，在本反应区内混合液中溶解氧的含量能控制在 0~2.5mg/L 之间，以确保同步进行硝化、反硝化和磷的吸收。

在停止曝气 0.5h 后，主反应区混合液即将逐步转为缺氧-厌氧状态。混合液及沉淀污泥絮凝体进行反硝化脱氮反应，沉淀污泥还将释放所含有的磷，与此同时，被污泥所吸附的可降解的呈悬浮状态的有机底物进行水解反应。此外，在缺氧-厌氧状态下能够抑制丝状菌的生长、繁殖，有效地防止污泥膨胀现象的产生。当 CASS 工艺系统需要进行脱氮除磷反应时，反应周期应延长为 6.0h。

综上可知，CASS 工艺具有以下几方面的优点：

（1）工艺系统不设初次沉淀池，也不设二次沉淀池，活性污泥回流系统规模较小、工艺流程简单，基建工程造价低，维护管理费用省。

（2）沉淀效果好。CASS 工艺在沉淀阶段几乎整个反应池均起沉淀作用，沉淀阶段的表面负荷比普通二次沉淀池小得多，沉淀效果较好。

（3）运行灵活，抗冲击能力强，可实现不同的处理目标。CASS 工艺在设计时已考虑流量变化的因素，能确保待处理水在系统内停留预定的处理时间后达标排放，特别是 CASS 工艺可以通过调节运行周期来适应进水量和水质的变化。当进水浓度较高时，可通过延长曝气时间达到抗冲击负荷的目的。在雨季可以通过缩短曝气反应时间，增加水、排水阶段的频率，实施大流量、低负荷的运行方式减少水力负荷的冲击。生物选择区的运行，在恒容条件下进行，也可以在变容条件下进行，以保证选择的有效性。可通过调整工作周期及控制反应池的溶解氧水平，提高脱氮除磷的效果。

（4）不易发生污泥膨胀。污泥膨胀是活性污泥法运行过程中常遇到的问题，由于污泥沉降性能差，污泥与水无法在二沉池进行有效分离，造成污泥流失，使出水水质变差，严重时使污水处理系统无法运行，而控制并消除污泥膨胀需要一定时间，具有滞后性。CASS 反应池中存在着较大的浓度梯度，而且处于缺氧、好氧交替变化之中，这样的环境条件可选择性地培养出菌胶团细菌，使其成为曝气池中的优势菌属，有效地抑制丝状菌的生长繁殖，提高系统的运行稳定性。

（5）适用范围广，适合分期建设。由于 CASS 系统的核心构筑物是 CASS 反应池，如果处理水量增加，超过设计水量，不能满足处理要求时，可同样复制 CASS 反应池。因此，CASS 法污水处理系统的建设可随企业的发展而发展，它的阶段建造和扩建较传统活性污泥法简单得多。

（6）剩余污泥量小，性质稳定。传统活性污泥法的泥龄仅 2~7d，而 CASS 法泥龄为 25~30d。污泥稳定性好，脱水性能佳，产生的剩余污泥少。

但该工艺仍存在以下不足：

（1）生物脱氮的效果有待提高。硝化细菌是一种化能自养菌，有机物降解则由异养细菌完成。当两种细菌混合培养时，由于存在对底物和溶解氧的竞争，硝化菌的生长将受到限制，难以成为优势种群，硝化反应被抑制。同时，硝化菌对温度、pH 等环境比较敏感，固定的曝气时间也可能使硝化不彻底。

硝态氮主要是通过同步硝化-反硝化，在沉淀、闲置阶段去除的。然而，在沉淀、闲置期内，污泥与污水未能进行良好混合，使部分硝态氮未能和反硝化微生物相接触，达不到脱氮要求。此外，在此时期，有机底物已充分降解，反硝化反应所需的碳源不足，也限制了反硝化的效果。

（2）生物除磷的效果也有待提高。在 CASS 工艺中，硝化菌的世代周期较一般异养氧化菌长，为了使硝化反应得以充分进行，就必须保持较长的污泥龄，但这样并不利于除磷。同时，在有硝态氮存在的场合，必然要在聚磷菌和反硝化菌之间形成对碳源竞争的局面，使聚磷菌释放磷的作用受到抑制。对磷的不完全释放，又将使聚磷菌过量吸磷的功能受到影响。

（3）控制方式较为单一。在实际应用中的 CASS 工艺基本上都是以时序控制为主的。由于进水水质不是一成不变的，采用固定不变的反应时间不是最佳选择。

（4）进水量影响处理能力。系统进水通常是不均匀的，如果设计流量不合适，进水高峰时水位会超过上限，进水量小时反应池不能充分利用，将影响生物处理功能和出水水质。

6.3.3 CASS 工艺设计与运行调控

（1）CASS 工艺系统设计

对一般的 CASS 工艺系统反应器，最高滗水速率为 30mm/min。固液分离阶段时间为 1.0h，污泥容积指数为 140mL/g。CASS 工艺系统反应器内最高水位时混合液中的污泥浓度与传统活性污泥法工艺反应器内的污泥浓度基本相同，设计参数见表 6-4，可参考 SBR

进行反应池尺寸计算。强化除磷时，可考虑投加铝盐或铁盐，所产生的污泥为化学污泥，其在反应器内的浓度为 1.7~2.0g/L，化学污泥的压缩性较高。处理效果如表 6-5 所示。

表 6-4　CASS 工艺系统设计参数

项　　目	要　　求
反应器座数	2 座以上
生物选择区与主反应区的容积比	（10%~15%）：（90%~85%）
污泥回流比	20%~30%
污泥负荷	0.05~0.1kg BO_5/（kgMLSS · d）
生物固体停留时间	20~30d
混合液污泥浓度	3000~4000mg/L
需氧量	1.3~2.0kg/kgBOD_5
周期工作时间	2h、4h、6h
排水比	1/3、1/6

表 6-5　CASS 工艺系统处理效果

水样指标	COD/（mg/L）	BOD_5/（mg/L）	SS/（mg/L）	TN/（mg/L）	TP/（mg/L）
进水	300~800	100~650	200~620	50~100	10
出水	≤150	≤60	≤100	≤25	≤1

（2）CASS 系统的运行调控

在运行过程中，根据检测数据和对微生物的观察以及出现的各种异常情况等，对运行参数采取相应的操作，使各项参数控制在合适的范围内。

① 控制被处理的原水水质、水量，使其能够适应活性污泥处理系统的要求。在实际运行过程中，原水的水质是不易控制的，通常做法是控制水量。要保持系统的相对稳定尽量使其承受的污染物负荷保持均匀的增长。

② 保持系统中微生物量的相对稳定。这是 CASS 处理系统运行的关键所在。对正常运行的系统而言，原水的水质水量是不可控制的，也就是说不论原水的水质水量如何，系统都必须把全部来水收集处理合格。所以要保持一个合适的污泥浓度值，使其在误差范围内变动也不会影响系统的运行稳定和处理效果。

③ 要保持运行阶段系统的相对稳定，就要尽量使系统中的污泥量相对稳定。即污泥浓度（kgMLSS/m^3）· 曝气池体积（m^3）= 曝气池内污泥总量（kgMLSS）、保持系统中的污泥量稳定，是通过确定每天排放的剩余污泥量来实现的。

④在混合液中保持能够满足微生物需要的溶解氧浓度。对于 CASS 工艺而言，反应池内的溶解氧值是不固定的。在反应初期，由于曝气刚刚开始以及反应池内进入大量的有机物，此时的溶解氧值较低，随着反应的进行，池内溶解氧值逐渐升高，因此对于反应后期只要保持池内的溶解氧在 2~4mg/L 左右即可。

⑤ CASS 工艺系统可以根据要求，实现部分自动控制或完全自动控制。例如，可以通

过在线测量耗氧速率来调节工艺运行，控制供氧强度和曝气时间，使工艺运行稳定。根据设计的污泥龄和反应器内污泥浓度，能够预先设定在每一循环中剩余污泥的排除时间，并通过自控系统将工艺过程产生的剩余污泥自动足量地予以排除。沉淀阶段结束后，移动式滗水器自动启动将上清液排出系统。整个操作过程能够完全自动进行，使工艺操作大为简化，能够减少工艺操作人员的数量。

此外，在 CASS 工艺的实际运行中，自控系统应当根据系统运行过程中相关参数的变化，及时地调整系统的运行状态，使系统运行能够始终保持着最优化状态，这就需要具有智能化过程控制系统，即将系统运行过程中的各种相关因素作为逻辑变量进行判断和计算，确定出最佳的控制方案并自动执行使系统达到优化运行效果的目的。

6.4 生物接触氧化

氧化法是从生物膜法派生出来的一种生物处理技术，即在生物接触氧化池内装填一定数量的填料，利用栖附在填料上的生物膜，通过生物氧化作用，将水中的有机组分氧化分解，达到水质净化目的。近年来，生物接触氧化技术在一些国家，特别是日本、美国得到了迅速的发展，广泛地用于食品加工等工业排水以及微污染地表水的处理中。我国从 20 世纪 70 年代开始引进生物接触氧化技术，目前主要应用于石油化工、农药、印染、纺织、轻工造纸、食品加工和发酵酿造等工业排水的净化处理，取得了良好的效果。

6.4.1 生物接触氧化原理

生物接触氧化法的基本原理与一般生物膜法相同，就是以生物膜吸附水中的有机物，在有氧的条件下，有机物由微生物氧化分解，使受污染水得到净化。该法中微生物所需氧由鼓风曝气供给，生物膜生长至一定厚度后，紧贴填料壁的微生物会因缺氧而进行厌氧代谢，产生的气体及曝气形成的冲刷作用会引起生物膜的脱落，并促进新生物膜的生长，脱落的生物膜将随出水流出池外。

接触氧化池内的生物膜由菌胶团、丝状菌、真菌、原生动物和后生动物组成。在活性污泥法中，丝状菌常常是影响正常生物净化功能的不利因素；而在生物接触氧化池中，丝状菌在填料孔隙间呈立体结构，大大增加了生物相与待处理水间的接触面积。同时，因为丝状菌对多数有机物具有较强的氧化能力，对污染负荷变化有较强的适应性，是提高有机组分净化能力的有利因素。

6.4.2 生物接触氧化特点

生物接触氧化法是介于活性污泥法与生物滤池之间的好氧生物膜法工艺。接触氧化池内设有填料，部分微生物以生物膜的形式固着生长在填料表面，部分则是絮状悬浮生长于水中。其特点是在池内设置填料，池底曝气对待处理水进行充氧，可保证污水与填料的充分接触。池内的生物固体浓度(5~10g/L)高于活性污泥法和普通生物滤池，具有较高的容积负荷，可达2.0~3.0kgBOD_5/(m^3·d)。另外，接触氧化工艺不需要污泥回流，无污泥膨胀问题，运行管理较活性污泥法简单，对水量水质的波动有较强的适应能力

生物接触氧化法兼有活性污泥法及生物膜法的特点，也具有生物滤池的特点，但又与一般生物膜法不尽相同。一是供微生物栖附的填料全部浸在水相中，所以生物接触氧化池又称淹没式生物滤池。二是采用机械设备向水中充氧，而不同于一般生物滤池靠自然通风供氧。三是池内还存在约2%~5%的悬浮状态活性污泥，对有机物也起降解作用。因此，生物接触氧化法是一种具有活性污泥法特点的生物膜法，兼有生物膜法和活性污泥法的优点和独特的工艺、运行和功能特征。

(1) 在工艺方面的特征

① 本工艺使用多种形式的填料，由于曝气，在池内形成液、固、气三相共存体系，有利于氧的转移，溶解氧充沛，适于微生物存活增殖。在生物膜上微生物是丰富的，除细菌和多种属的原生动物和后生动物外，还能够生长氧化能力较强的球衣菌属的丝状菌，而无污泥膨胀之虑。在生物膜上能够形成稳定的生态系统与食物链。

② 填料表面全为生物膜所布满，形成了生物膜的主体结构。由于丝状菌的大量滋生，有可能形成一个呈立体结构的密集的生物网，类似“过滤”的作用可有效提升出水水质。

③ 曝气过程中，表层生物膜在气流的吹脱作用下不断脱落和再生，有利于保持系统的生物活性。据实验资料，每平方米填料表面上的活性生物膜量可达125g，如折算成MLSS，则达13g/L。正因为如此，生物接触氧化处理技术能够接受较高的有机负荷率，处理效率较高，有利于缩小池容，减少占地面积。

(2) 在运行方面的特征

① 对冲击负荷有较强的适应能力，在间歇运行条件下，仍能够保持良好的处理效果。对排水量波动较大的工业企业，更具有实际意义。

② 操作简单、运行方便、易于维护管理，无需污泥回流，不产生污泥膨胀现象，也不产生滤池蝇。

③ 污泥生成量少，污泥颗粒较大，易于沉淀。

(3) 在功能方面的特征

生物接触氧化技术具有多种净化功能除可有效地去除有机污染物外，如运行得当还具有脱氮功能，可以作为三级处理技术。主要缺点是，如设计或运行不当，填料可能堵塞；此外，布水、曝气不易均匀，可能在局部部位出现死角。

6.4.3 生物接触氧化池结构组成

生物接触氧化的核心构筑物是接触氧化池，由池体、填料及支架、曝气装置、进出水装置及排泥管道等部分组成，如图6-9所示。

(1) 曝气装置

曝气装置是生物接触氧化池的重要组成部分，与系统的生化处理效率密切相关。曝气装置一般有两种设置方式。可设置在接触氧化池的一侧，而填料装在另一侧，依靠泵或空

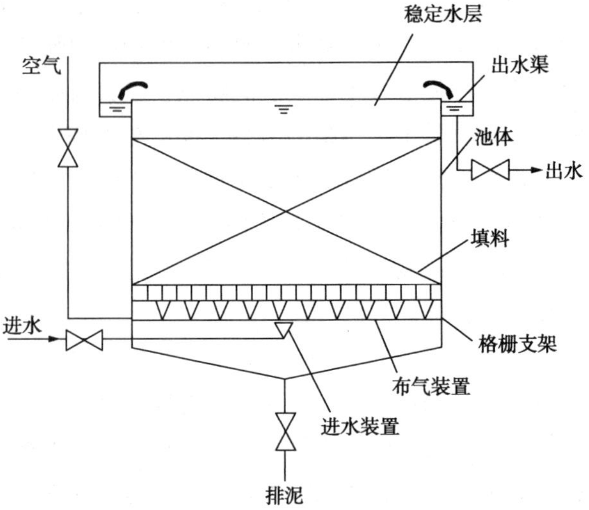

图 6-9　生物接触氧化池的结构图

气的提升作用，使水流在填料层内循环，给填料上的生物膜供氧。此法的优点是，待处理水独立充氧，氧的供应充分，对生物膜的生长有利。缺点是，氧的利用率较低，动力消耗较大；因为水力冲刷作用较小，老化的生物膜不易脱落，新陈代谢周期较长，生物膜活性较低；同时，还会因生物膜不易脱落而引起填料堵塞。

另一种布置方式是将曝气装置设置在氧化池填料底部，直接鼓风曝气。生物膜直接受到上升气流的强烈扰动，更新较快，保持较高的活性；同时，在进水负荷稳定的情况下，生物膜能维持一定的厚度，不易发生堵塞现象。一般生物膜厚度控制在 1mm 左右为宜。

向生物接触氧化池中曝气有三个功能：

① 充氧。生物接触氧化法主要是利用好氧性细菌完成生物净化作用，微生物的氧化、合成和内源呼吸全部都需要氧气，充氧是维持微生物正常活动的一个重要条件，通过曝气可使氧化池的溶解氧控制在一个适宜的水平上。

② 充分搅动形成紊流。曝气过程使池内水流充分搅动，形成紊流。紊流程度越大，被处理水与生物膜的接触效率越高。

③ 防止填料堵塞，促进生物膜更新。供气的搅动作用使填料上衰老的生物膜及时脱落，防止填料堵塞。同时，还促进生物膜更新，提高处理效果的功能。

(2) 进、出水装置

由于接触氧化池内的水流状态接近完全混合，因此对进出水装置的设置要求并不十分严格，满足进出水均匀、方便运行与维护、有效容积占用率低等要求即可。一般当处理水量较小时(如 40~50m^3/h)，可采用直接进水方式；当处理水量较大时，可采用进水堰或进水廊道等方式，使全池比较均匀地布水。出水装置一般采用周边堰流或孔口出水的方式。

(3) 填料

填料是生物膜的载体，是接触氧化处理工艺的关键部位，它直接影响处理效果。选用适当的填料，增加生物膜与水的接触表面积，是提高生物膜净化能力的重要措施。同时，填料的费用在生物接触氧化系统的建设费用中所占比重较大，选择时需统筹考虑其技术经济可行性。对填料的要求如下：

① 比表面积大，水流阻力小，有一定的生物膜附着能力。

② 机械强度大，化学和生物稳定性好，经久耐用。

③ 截留悬浮物质能力强，不溶出有害物质，不引起二次污染。

④ 与水的密度相差不大，以免过分地增大接触氧化池荷重。

⑤ 形状规则，尺寸均一，在填料间可形成均一的流速。

⑥ 货源充足，价格便宜，运输和施工安装方便。

填料可按形状、性状及材质等方面进行分类。按形状不同，可分为蜂窝状、束状、筒状、列管状、波纹状、板状、网状、盾状、圆环辐射状、不规则粒状以及球状等。按性状，可分为硬性填料、半软性填料和软性填料。按材质则有塑料、玻璃钢、纤维等。

当前，在我国常用的填料有下列几种。

① 蜂窝状填料(图 6-10)。材质主要为玻璃钢及塑料。这种填料具有比表面积大(133～360m^2/m^3)、孔隙率高(97%～98%)、质轻且强度高(堆积高度可达 4～5m)、管壁光滑无死角以及衰老生物膜易于脱落等特点。其孔径需根据待处理水的水质、有机负荷和充氧条件等因素进行选择。一般情况下，BOD_5 浓度为 100～300mg/L 孔径可选用 32mm；BOD_5 浓度为 50～100mg/L，可选用 15～20mm 孔径填料；BOD_5 浓度在 50mg/L 以下，则选用 10～15mm 孔径的填料。

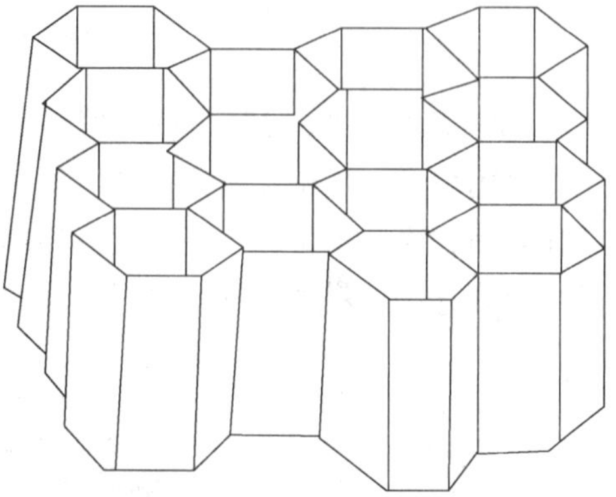

图 6-10　蜂窝状填料

该类型填料的主要缺点是：当选定的蜂窝孔径与有机负荷不相适应时，生物膜的生长与脱落失去平衡，填料易于堵塞；当采用的曝气方式不适合时，蜂窝管内难以达到均一的流速等。对此，应采取适当的对策，主要包括选定的蜂窝孔径应与设计负荷相适应，采取全面曝气和分层充填等措施。此外，在两层中间留有 200～300mm 的间隙，每层高不超过 1.5m，水流在层间再次分配，使水流得到均匀分布，并防止中下部填料因受压而变形。

②波纹板状填料(图 6-11)。我国采用的波纹板状填料，是以英国的费洛格(Flocor)填料为基础，用硬聚氯乙烯平板和波纹板相隔粘结而成，其规格和主要性能列于表 6-6 中。这种填料的特点主要是孔径大，不易堵塞；结构简单，便于运输、安装，可单片保存，现场粘合；质轻高强，防腐性能好。其主要缺点仍是难以得到均一的流速。

表 6-6　波纹板状填料规格和性能

型 号	材质	比表面积/（m^2/m^3）	孔隙率/%	重量/（kg/m^3）	梯形断面孔径/mm	规格/mm
立波-Ⅰ型	硬聚氯乙烯	113	>96	50	50×100	1600×800×50
立波-Ⅱ型		150	>93	60	40×85	1600×800×40
立波-Ⅲ型		198	>90	70	30×65	1600×800×30

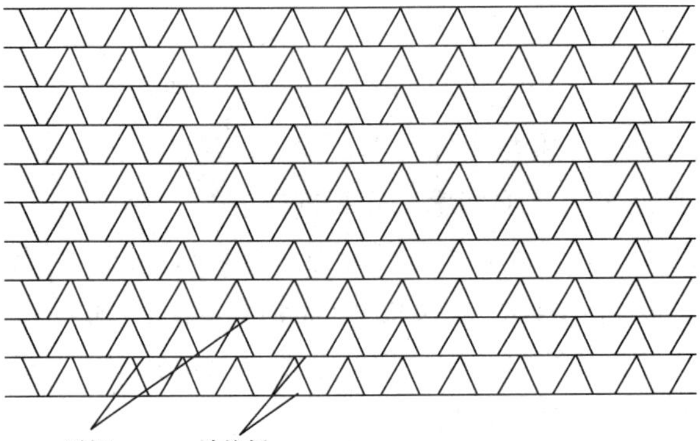

图 6-11　波纹板状填料

③ 软性填料(图 6-12)。软性填料是 20 世纪 80 年代初我国自行开发的填料。这种填料一般是用尼龙、维纶、涤纶、腈纶等化纤编结成束并用中心绳连接而成。软性填料的特点是比表面积大、重量轻、高强度、物理化学性能稳定、运输方便以及组装容易等。但在使用中发现这种填料的纤维束易于结块，影响使用。

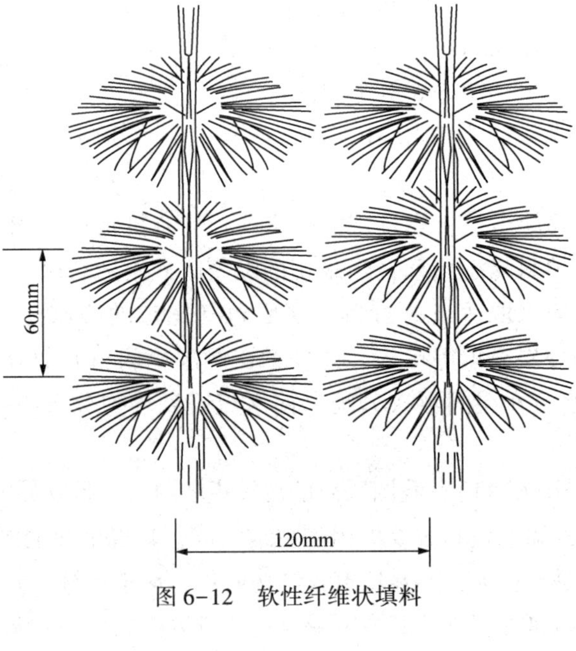

图 6-12　软性纤维状填料

④ 半软性填料。由变性聚乙烯塑料制成，它既有一定的刚性，也有一定的柔性，保持一定的形状，同时又有一定的变形能力。这种填料具有良好的传质效果，对有机物去除效果好、耐腐蚀、不堵塞、易于安装。表 6-7 所列为半软性填料的技术指标。

表 6-7　半软性填料技术指标

材质	比表面积/(m^2/m^3)	孔隙率/%	重量/(kg/m^3)	单片尺寸/mm
变性聚乙烯塑料	87~93	97.1	13~14	ϕ120，ϕ160，100×100，120×120，150×150

⑤ 盾形填料(图 6-13)。这是我国自行开发的由纤维束和中心绳所组成的填料。纤维束由纤维及塑料支架所组成，中留孔洞，可通水、气。中心绳中间嵌套塑料管，用以固定距离及支撑纤维束。这种填料的纤维固定在塑料支架上，处于松散的状态，避免了软性纤维填料出现的结团现象，布水、布气作用也好，与待处理水接触及传质条件良好。

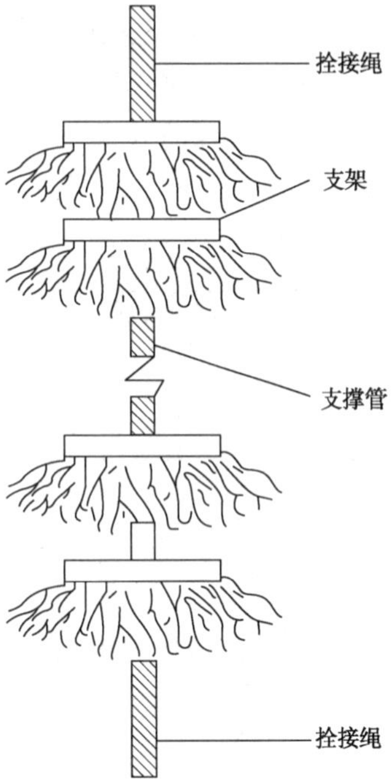

图 6-13　盾形纤维填料

⑥ 球形填料。填料呈球状，直径不一。在球体内设多个呈规律状或不规律的空间和小室，使其在水中能够保持动态平衡。这种填料便于充填，但要采取措施，防止其向出口处集结。

⑦ 不规则粒状填料。主要有砂粒、碎石、无烟煤、焦炭以及矿渣等，粒径一般由几毫米到数十毫米。这类填料的主要特点是表面粗糙，易于挂膜，截留悬浮物的能力较强，易于就地取材，价格便宜。存在的问题是水流阻力大，易于产生堵塞现象。因此，应正确地选择填料及其粒径。

6.4.4　设计计算

(1) 生物接触氧化池设计与计算应考虑的因素

① 生物接触氧化池的个数或分格数应不少于 2 个，并按同时工作设计。为保证布水布气均匀每格氧化池面积一般应不大于 $25m^3$。

② 进水 BOD_5浓度应控制在 150~300mg/L 之间；填料体积按填料的容积负荷(一般应通过试验确定)和平均日处理水量计算。

③ 填料层总高度一般为 3m。当采用蜂窝型填料时，一般应分层装填，每层高为 1m，蜂窝孔径应不小于 25mm。

④ 待处理水在接触氧化池内的有效停留时间一般为 1.5~3.0h。

⑤ 接触氧化池中的溶解氧含量一般应维持在 2.5~3.5mg/L 之间，气水比为(15~20)：1。

（2）填料体积 BOD 容积负荷计算法

① 生物接触氧化池的有效容积(填料体积)

$$V=\frac{Q(S_0-S_e)}{N_v} \tag{6-5}$$

式中 N——填料的总有效容积，m^3；

Q——日平均污水量，m^3；

S_0——原污水 BOD_5，g/m^3或 mg/L；

S_e——出水 BOD_5，g/m^3或 mg/L；

N_v——BOD_5容积负荷率，$kgBOD_5/(m^3 \cdot d)$。

表 6-8 所列的是采用接触氧化技术处理部分企业排水时，计算接触氧化池填料体积所采用的 BOD_5容积负荷率。同时，BOD_5容积负荷率的取值还与待处理水的水质有着密切的联系，表 6-9 所列是我国在这方面积累的资料数据。

表 6-8 国内接触氧化池填料体积计算 BOD_5容积负荷率的建议值

污水类型	BOD_5负荷/[$kgBOD_5/(m^3 \cdot a)$]	污水类型	BOD_5负荷/[$kgBOD_5/(m^3 \cdot a)$]
印染废水	1.0~2.0	酵母废水	6.0~8.0
农药废水	2.0~2.5	涤纶废水	1.5~2.0

表 6-9 BOD_5容积负荷率与处理水水质关系数据

污水类型	处理 BOD_5/(mg/L)	BOS 容积负荷率/[$kgBOD_5/(m^3 \cdot a)$]
城市污水	10	2.0
印染废水	20	1.0
印染废水	50	2.5
粘胶废水	10	1.5
粘胶废水	20	3.0

② 接触氧化池面积

$$A=\frac{V}{H} \tag{6-6}$$

式中 A——接触氧化池面积，m^2；

H——填料层高度，m，一般取 3m。

③ 接触氧化池座(格)数

$$n=\frac{A}{f} \tag{6-7}$$

式中 n——接触氧化池座(格)数，一般 $n \geqslant 2$；

f——每座(格)接触氧化池面积，m^2，一般 $f \leqslant 25m^2$。

④ 污水与填料的接触时间

$$t=\frac{nfh}{Q}H \qquad (6-8)$$

式中　t——污水在填料层内的接触时间，h。

⑤ 接触氧化池的总高度

$$H_0=H+h_1+h_2+(m+1)h_3+h_4 \qquad (6-9)$$

式中　H_0——接触氧化池的总高度，m；

h_1——超高，取$h_1=0.5\sim1.0$m；

h_2——填充上部的稳定水层深，取$h_2=0.4\sim0.5$m；

h_3——填料层间隙高度，取$h_3=0.2\sim0.3$m；填料层数；

h_4——填料至池底高度，当考虑需要入内检修时，取$h_4=1.5$m，当不需要入内检修时，取$h_4=0.5$m。

【例 6-2】某石化厂排水量 $Q=120m^3/h$，COD＝2000mg/L，BOD_5＝1000mg/L，甲醛＝10mg/L，甲醇＝100mg/L，SS＝54mgL，pH 值＝6～8，利用生物接触氧化池进行处理，使得 COD≤100mg/L，甲醛≤1mg/L，甲醇≤5mg/L。拟采用二段式接触氧化处理工艺，其中，一级接触氧化池 4 座，COD 去除率 $E'_1=85\%$，BOD_5去除率 $E_1=90\%$，有机负荷率 $N_v=1.5kgBOD_5/(m^3\cdot d)$，一级接触氧化池每池 8 格，单格长 5m；二级接触氧化池 2 座，有机负荷率 $N_v=0.5kgBOD_5/(m^3\cdot d)$，每池 6 格，单格长 4m。二级接触氧化池的 COD 去除率 $E_2=70\%$，BOD3 去除率 $E'_2=80\%$。接触氧化池设 2 层填料，填料层高度 $H=3.0$m，超高 $h_1=0.5$m，填料层上水深 $h_2=0.4$m，上下层填料层间距 $h_3=0.25$m，填料至池底部高度 $h_4=1.0$m。求一级接触氧化池和二级接触氧化池的尺寸及停留时间。

【解】(1) 一级接触氧化池尺寸

① 有效容积：

$$V_1=\frac{Q(S_0-S_e)}{N_v}=\frac{QS_0E'_1}{N_v}=\frac{120\times24\times1\times0.9}{1.5}=1728\ m^3$$

式中　S_0——进水 BOD_5浓度，g/L。

② 反应池总面积：

$$A_1=\frac{V_1}{H}=\frac{1728}{3}=576\ m^2$$

③ 单池面积：

$$f_1=\frac{A_1}{N}=\frac{576}{4}=144\ m^2$$

④ 池单格面积：

$$a_1=\frac{f_1}{n}=\frac{144}{8}=18\ m^2$$

⑤ 池平面尺寸：

单格池宽＝18/5＝3.6m

单格尺寸=5m×3.6m。

⑥ 池深：

$$H_0=H+h_1+h_2+(m+1)h_3+h_4=3+0.5+0.4+0.25+1.0=5.2\text{m}$$

⑦ 停留时间：

$$t_1=\frac{V_1}{Q}=\frac{1728}{120}=14.4h$$

主要结构见图 6-14。

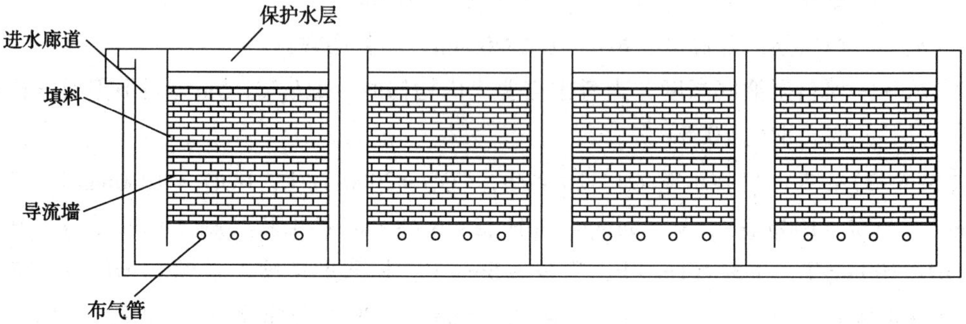

图 6-14 接触氧化池结构

（2）二级接触氧化池尺寸

进水 COD=2000×($1+E_1$)= 300mg/L，去除率 $E_2=70\%$；进水 $BOD_5=1000\times(1-E'_1)$ 100mg/L，去除率 $E'_2=80\%$。

① 有效容积：

$$V_2=\frac{QS'_0E'_0}{N_v}=\frac{120\times24\times0.1\times0.8}{1.5}=460.8\text{m}^2$$

式中 S'_0——进水 BOD_5浓度，g/L。

② 反应池总面积：

$$A_2=\frac{V_2}{H}=\frac{460.8}{3}=153.6\text{m}^2$$

③ 单池面积：

$$f_2=\frac{A_2}{N}=\frac{153.6}{4}=76.8\text{m}^2$$

④ 单格面积：

$$a_2=\frac{f_2}{n}=\frac{76.8}{6}=12.8\text{m}^2$$

⑤ 池平面尺寸：

格宽=12.8/4=3.2m

单格尺寸=4m×3.2m

⑥ 池深：

$$H_0=H+h_1+h_2+(m+1)h_3+h_4=3+0.5+0.4+0.25\times(2+1)+1.0=5.2\text{m}$$

⑦ 停留时间：

$$t_2=\frac{V_2}{Q}=\frac{460.8}{120}=3.84\text{h}$$

6.5 厌氧消化池

厌氧消化池多应用于处理含有机组分较多的工业企业排水。

6.5.1 工作原理

（1）普通消化池

普通厌氧消化池，借助消化池内的厌氧活性污泥净化有机组分，其工作原理如图 6-15 所示。原水从池子上部或顶部进入池内，经与池中原有的厌氧活性污泥混合后，通过厌氧微生物的吸附、吸收和生物降解作用，使水中的有机污染物转化为以 CH_4 和 CO_2 为主的气体。泥经沉淀分层后从液面下排出。普通厌氧消化池体积大、负荷低，其根本原因是它的污泥停留时间等于水力停留时间。

（2）厌氧接触工艺

厌氧接触法是在厌氧消化池之外加一个沉淀池来收集污泥，并使污泥回流至消化池。其结果是减少了待处理水在消化池内的停留时间。厌氧接触工艺流程如图 6-16 所示。由消化池排出的混合液首先在沉淀池中进行固、液分离。处理水由沉淀池上部排出，所沉污泥回流至消化池。这样既能使污泥不流失而稳定工艺，又可提高消化池内的污泥浓度，从而在一定程度上提高了设备的有机负荷和处理效率，在生产上应用较多。

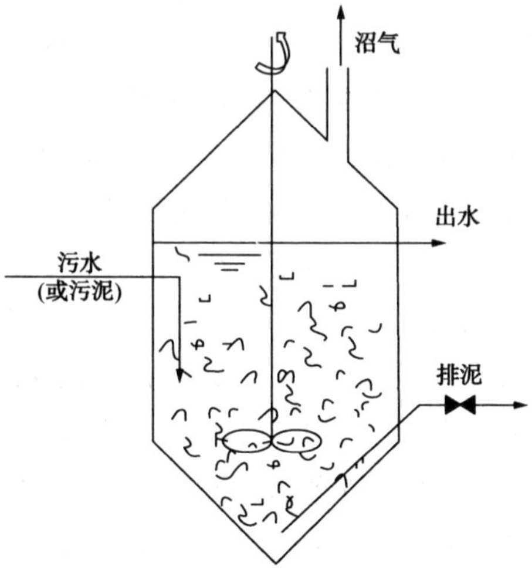

图 6-15　普通消化池

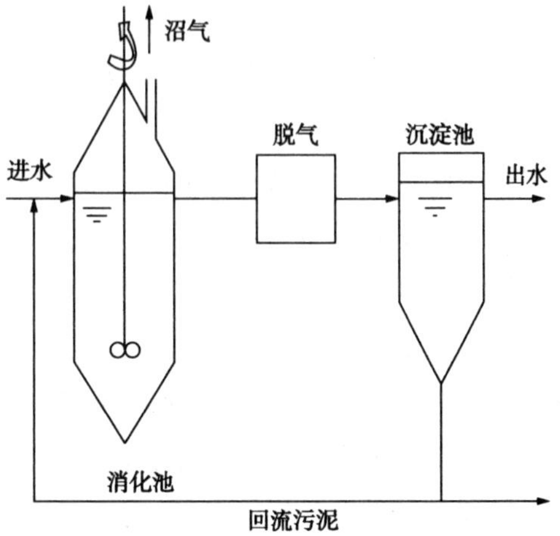

图 6-16　厌氧接触工艺流程

厌氧接触工艺在中温条件下(25℃)的容积负荷不高于 4~55kg COD/($m^3 \cdot d$)，HRT 约在 10~20d。生产实践表明，在低负荷或中负荷条件下，厌氧接触工艺允许来水中含有较多的悬浮固体，具有较大的缓冲能力，操作相对简单。厌氧接触工艺仅是普通消化池的一种简单改进，消化池和沉淀池的构造均为定型设计。

6.5.2 厌氧消化池的分类

按容量大小可将普通厌氧消化池划分为以下三类：小型池(1000~2500m^3)、中型池(2500~5000m^3)和大型池(5000~10000m^3)。一般而言，池容愈小，愈容易建造，但单位有效池容所需建造费用愈高。但是，池子愈大，加热搅拌愈难均匀，容积利用系数越小。从运行方式来看，厌氧消化池有一级和二级之分，二级消化池串联在一级消化池之后，即两相厌氧消化工艺。

两相厌氧消化工艺就是把酸化和甲烷化两个阶段分离在两个串联反应器中，使产酸菌和产甲烷菌各自在最佳环境条件下生长，从而提高了它们的活性，因此提高了处理能力。所以，两相厌氧消化工艺的处理效率比传统的厌氧消化工艺的处理效率有明显提高，而且运行更加稳定，但管理也更为复杂。

设计上，一级消化池的水力停留时间多采用 15~20d，二级消化池的水力停留时间可采用一级的一半，即两池的容积比大致控制在 2∶1。两级消化池的液位差以 0.7~1.0m 为宜，以便一级池的污泥能靠重力流向二级池。

6.5.3 厌氧消化池的构造

(1) 普通消化池

普通消化池的特点是在一个池内实现厌氧发酵反应和液体与污泥的分离。为了使进水和厌氧污泥密切接触，设有搅拌装置。一般情况下每隔 2~4h 搅拌一次。一般在排放消化体、下锥体、进水管、排水管等部分组成液时停止搅拌，然后从消化池上部排出上清液。消化池的结构主要由集气罩、池盖、池，此外还有加温和搅拌设备。国内建造的厌氧消化池大多数呈圆筒形。池底安装排泥管池中部或顶部安装加泥管，池顶安装沼气管。加热及搅拌设施根据采用的方法不同而异。液面附近安装溢流管。根据要求在不同部位安装取样管及控制装置。池盖上还应设置人孔，供检修时使用。

普通厌氧消化池应采用水密性、气密性和耐腐蚀的材料建造，通常为钢筋混凝土结构。沼气中的 H_2S 及消化液中的 H_2S、NH_3和有机酸等均有一定的腐蚀性，故池内壁应涂一层环氧树脂或沥青。为了保温，池外均设有保温层。保温层的做法种类较多，在池周覆土也可以起到保温的作用。此外，消化池必须设置倒虹管式、大气压式或水封式溢流装置及时溢流，以保持沼气室内压力恒定。

倒虹管式溢流见图 6-17 中(a)，倒虹管的池内端必须插入泥水混合液面下部，保持淹没状态，池外端插入排水槽也需保持淹没状，当池内液位上升，沼气受压时，污泥或上清液可从倒虹管排出。大气压式溢流见图 6-17 中(b)，当池内沼气受压，压力超过 Δh(Δh 为 U 形管内水层厚度)时，即产生溢流。水封式溢流见图 6-17 中(c)，水封式溢流装置由溢流管、水封管与下流管组成。溢流管从消化池盖插入设计液位以下，水封管上端与大气相通，下流管的上端水平轴线标高高于设计面。

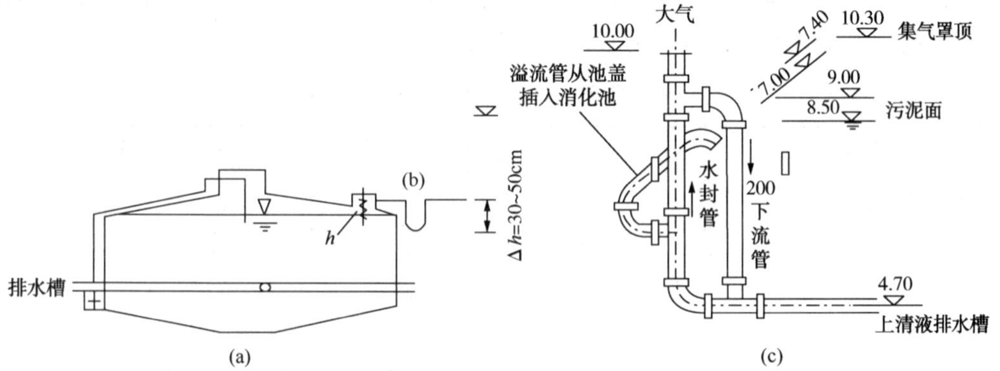

图 6-17　消化池的溢流装置

(2) 厌氧接触工艺

与普通厌氧消化法相比，厌氧接触法具有以下特点：

① 消化池污泥浓度高，一般为 5~100gMLVSS/L，耐冲击能力强。

② 消化池有机容积负荷较高。中温消化时，COD 容积负荷一般为 1~5kg/(m^3·d)，COD 去除率为 70%~80%；BOD_5容积负荷为 0.5~2.5kg/(m^3·d)，BOD_5去除率为 80%~90%。不仅缩短了水力停留时间，也使占地面积减少。

③ 增设沉淀池、污泥回流系统和真空脱气设备，流程较复杂。

④ 适合于处理悬浮物浓度、有机物浓度均高的水，进水 COD 浓度一般不低于 3000mg/L，悬浮物浓度可达到 50000mg/L。

在厌氧接触工艺的设计中，重要的问题是沉淀池中的固液分离。从消化池排出的混合液含有大量的厌氧活性污泥，污泥的絮体吸附着微小的沼气泡，使得靠重力作用进行固液分离很难取得令人满意的效果，有相当一部分污泥上浮至水面，随水外流。为了提高沉淀池中混合液固液分离的效果，目前采用以下几种方法：

① 在消化池和沉淀池之间设真空脱气器，脱除混合液中的沼气，脱气器的真空度约为 4900Pa。

② 在沉淀池之前设热交换器，对混合液进行急剧冷却处置，使温度从 35℃下降到 15℃，这样能够抑制污泥在沉淀过程中继续产气，有利于混合液的固液分离。

③ 向混合液投加混凝剂，如先投加氢氧化钠，再投氯化铁。

④ 用超滤器代替沉淀池，以提高固液分离效果。

6.5.4 厌氧消化池的设计计算

(1) 普通消化池池体设计

① 容积负荷和有机负荷

容积负荷为 $1m^3$消化池容积每日投入的有机物质量，即 $kg/(m^3 \cdot d)$，有机负荷指每日投入池内的挥发性固体的质量与消化池内挥发性固体之比，即 $kg/(m^3 \cdot d)$。表 6-10 列出了不同消化温度时单位容积消化池的有机负荷。

表 6-10 不同消化温度时消化池的有机负荷

消化温度/℃		8	10	15	20	27	30	33	37
有机物负荷率/[$kg/(m^3 \cdot d)$]	最小	0.25	0.33	0.5	0.65	1.00	1.30	1.60	2.50
	最大	0.35	0.47	0.7	0.95	1.40	1.80	2.30	3.50

$$V=\frac{\text{每日有机物量}}{\text{有机负荷率}} \tag{6-10}$$

按消化池投配率来确定池容，首先确定每日投入消化池的水量，然后按下式计算消化池有效容积：

$$V=V_n/P\times100 \tag{6-11}$$

式中 V——消化池有效容积，m^3；

V_n——每日需处理的废液体积，m^3/d

P——设计投配率，%/d，通常采用(5~12)%/d。

消化池的数目不宜少于 2 座，以便检修时至少有一个池子能工作。当只设置 2 座消化池时，总有效容积应当比理论计算值大 10%。

② 结构尺寸

确定了消化池的单池有效容积后，就可以计算消化池的构造尺寸。圆柱形池体的直径一般在 6~35m 之间，柱体高与直径之比 1∶2，池总高与直径之比约为 0.8~1.0。池底坡度一般为 0.08。池顶部集气罩高度和直径相同，常采用 2.0m。池顶至少应设两个直径为 0.7m 的人孔。此外，消化池必须附设进水管、循环管、排水管、排泥管、溢流管、沼气管和取样管等工艺管道，以确保系统的正常运行。

(2) 厌氧接触工艺设计计算

厌氧接触工艺的设计和普通消化池类似，但应注意以下几点：

① 厌氧接触消化池可采用容积负荷或污泥负荷法进行设计计算。其设计负荷及池内的 MLVSS 可以通过试验确定，也可以选用经验数据。容积负荷一般为 2~6kgCOD/($m^3 \cdot d$)，污泥负荷不超过 0.25kgCOD/(kgVSS·d)，池内的 MLVSS 一般为 6~10g/L。

② 最佳的食料比(F/M)为 0.3~0.55kgCOD/(kgMLSS·d)，过高或过低都会使污泥的沉降性能恶化。

③ 污泥的回流比可通过试验确定，一般取 2~3。

④ 厌氧接触工艺中的沉淀分离装置一般采用沉淀池，混合液在沉淀池内的停留时间要比一般沉淀池长建议选用 4h，表面水力负荷不超过 $1m^3/(m^2 \cdot h)$。

厌氧接触氧化池的池容可采用有机容积负荷率和动力学关系式等方法确定。

a. 按有机容积负荷率计算

消化池单位容积每日承受的有机物量称为消化池的有机容积负荷率。根据定义，消化池的容积可按下式计算：

$$V=\frac{Q_i \cdot S_0}{U_a} \tag{6-12}$$

式中 V——消化池计算容积 m^3；

Q_i——进水流量，m^3/d；

S_0——进水 COD（BOD_5）浓度，$kgCOD/m^3$ 或 $kgBOD_5/m^3$；

U_a——进水有机容积负荷率，$kgCOD/(m^3 \cdot d)$ 或 $kgBOD_5/(m^3 \cdot d)$。

有机容积负荷率是厌氧接触法的主要设计参数，一般应根据试验确定。一些常见的工业排水已经有成功的设计和运行经验数据。表 6-11 列出了国外厌氧接触法处理某些工业排水的有机容积负荷率和处理效率。一般有机容积负荷率取值范围为 $2\sim6kgCOD_5/(m^3 \cdot d)$，最佳食料比 F/M 为 0.3~0.55kgCOD/(kgMLSS·d)，MLVSS 值为 3~6g/L，混合液 SVI 值为 70~150mL/g。回流比 R 值为 2~4。消化温度不低于 20℃ 为宜。

表 6-11　厌氧接触法处理某些工业排水的有机容积负荷率

废水性质	消化温度/℃	有机容积负荷率/[$kgCOD/(m^3 \cdot d)$]	水力停留时间/d	COD 去除率/%
工业淀粉废水	23	1.8	3.3	88
乳品加工混合废水	中温	2.5	1.9	83
果汁、果胶生产废水	中温	1.13	0.85	83
麦芽威士忌废水	中温	1.03	32.7	84
糖果生产	中温	2.2	4.62	95
煮棉废水	中温	1.2	1.3	67
啤酒废水	中温	2.0	2.3	96
肉类加工废水	中温	3.2	0.5	95
刮浆和造纸混合废水	中温	5.0	3.0	48.7
淀粉加工废水	中温	1.0	3.8	80
葡萄酒废液	中温	11.7	2.0	85
酵母废液	中温	6.0	2.0	65
植蜜废液	中温	8.8	8	69

b. 按动力学关系式计算令为固体停留时间，则：

$$\theta_c=X \cdot V/\Delta X \tag{6-13}$$

式中 $X \cdot V$——消化池中的挥发性固体，kgMLVSS；

ΔX——每日消化池中挥发性固体增量，kgMLVSS/d。

在设计厌氧接触法时，实际采用的 θ_c 也可以参考 Mccayty 推荐的最小固体停留时间值，然后再乘以安全系数来选取，最小固体停留时间见表 6-12。依据固体停留时间每日排泥量以及厌氧活性污泥浓度，由上式可得消化池有效容积。

脱气后的厌氧污泥的沉淀性能有很大改善。当采用传统沉淀池时，表面水力负荷一般可采用 0.5~1.0m³/(m²·h)，固体通量一般在 2~4kgSS/(m²·h)之间。

表 6-12 推荐最小固体停留时间

消化温度/℃	最小停留时间 $\theta_{c\cdot min}$/d	消化温度/℃	最小停留时间 $\theta_{c\cdot min}$/d
18	11	35	4
24	8	40	4
30	6		

思考题与习题

1. 何谓 SBR 法？简述经典 SBR 的工序及特征。

2. 简述 CASS 工艺系统反应器的组成、作用及该工艺的优缺点。

3. 某印染厂废水量为 1500m³/d，废水平均 BOD_5 为 170mg/L，COD 为 6000mg/L，采用生物接触氧化池处理，要求出水 BOD_5 小于 20mg/L，COD 小于 250mg/L，试计算生物接触氧化池的尺寸。

4. 厌氧生物处理的原理是什么？

5. 影响厌氧生物处理的主要因素有哪些？提高厌氧生物处理的效能主要从哪些方面考虑？

6. 厌氧发酵分为哪几个阶段？污水的厌氧生物处理有什么优势，又有哪些不足之处？

参 考 文 献

[1] 中华人民共和国水利部．中国水资源公报．北京：中国水利水电出版社，2018.
[2] 张自杰．环境工程手册：水污染防治卷．北京：高等教育出版社，1996.
[3] 李亚峰，杨辉，蒋白懿．给排水科学与工程概论：第 2 版[M]. 北京：机械工业出版社，2015.
[4] 张维润．电渗析工程学[M]. 北京：科学出版社，1995.
[5] 余淦升，郭茂新，黄进勇．工业废水处理及再生利用[M]. 北京：化学工业出版社，2013.
[6] 吕后鲁，刘德启．工业废水处理技术综述[J]. 石油化工环境保护，2006，29(4)：15-19.
[7] 邹家庆．工业废水处理技术[M]. 北京：化学工业出版社，2003.
[8] 章非娟．工业废水污染防治[M]. 上海：同济大学出版社，2001.
[9] 成官文．水污染控制工程．北京：化学工业出版社，2010.
[10] 韩洪军．污水处理构筑物设计与计算[M]. 哈尔滨：哈尔滨工业大学出版社，2005.
[11] 常青．水处理絮凝学：第 2 版[M]. 北京：化学工业出版社，2011.
[12] 高廷耀，顾国维，周琪．水污染控制工程．北京：高等教育出版社，2007.
[13] 周本省．工业水处理技术(第 2 版)[M]. 北京：化学工业出版社，2002.
[14] 周岳溪，李杰．工业废水的管理、处理和处置：第 3 版[M]. 北京：中国石化出版社，2012.